重返生态农业
生命的伦理

[法] 皮埃尔·哈比 / 著
忻应嗣 / 译

图书在版编目（CIP）数据

重返生态农业 / (法) 皮埃尔 · 哈比著；忻应嗣译
. -- 北京：中国文联出版社, 2020.11
（绿色发展通识丛书）
ISBN 978-7-5190-4376-6

Ⅰ. ①重… Ⅱ. ①皮… ②忻… Ⅲ. ①生态农业－研究 Ⅳ. ①S-0

中国版本图书馆CIP数据核字(2020)第213142号

著作权合同登记号：图字01-2018-0824

重返生态农业
CHONGFAN SHENGTAI NONGYE

作　　者：[法] 皮埃尔·哈比
译　　者：忻应嗣

终 审 人：朱　庆
责任编辑：蒋爱民　贺　希
复 审 人：闫　翔
责任译校：黄黎娜
责任校对：谢　宁
封面设计：谭　锴
责任印制：陈　晨

出版发行：中国文联出版社
地　　址：北京市朝阳区农展馆南里10号，100125
电　　话：010-85923076（咨询）85923092（编务）85923020（邮购）
传　　真：010-85923000（总编室），010-85923020（发行部）
网　　址：http://www.clapnet.cn　http://www.claplus.cn
E-mail：clap@clapnet.cn　hex@clapnet.cn

印　　刷：中煤（北京）印务有限公司
装　　订：中煤（北京）印务有限公司
本书如有破损、缺页、装订错误，请与本社联系调换

开　　本：720 × 1010　1/16
字　　数：46.2千字
印　　张：6.25
版　　次：2020年11月第1版
印　　次：2020年11月第1次印刷
书　　号：ISBN 978-7-5190-4376-6
定　　价：26.00元

“绿色发展通识丛书”总序一

洛朗·法比尤斯

1862 年，维克多·雨果写道：“如果自然是天意，那么社会则是人为。”这不仅仅是一句简单的箴言，更是一声有力的号召，警醒所有政治家和公民，面对地球家园和子孙后代，他们能享有的权利，以及必须履行的义务。自然提供物质财富，社会则提供社会、道德和经济财富。前者应由后者来捍卫。

我有幸担任巴黎气候大会（COP21）的主席。大会于 2015 年 12 月落幕，并达成了一项协定，而中国的批准使这项协议变得更加有力。我们应为此祝贺，并心怀希望，因为地球的未来很大程度上受到中国的影响。对环境的关心跨越了各个学科，关乎生活的各个领域，并超越了差异。这是一种价值观，更是一种意识，需要将之唤醒、进行培养并加以维系。

四十年来（或者说第一次石油危机以来），法国出现、形成并发展了自己的环境思想。今天，公民的生态意识越来越强。众多环境组织和优秀作品推动了改变的进程，并促使创新的公共政策得到落实。法国愿成为环保之路的先行者。

2016 年“中法环境月”之际，法国驻华大使馆采取了一系列措施，推动环境类书籍的出版。使馆为年轻译者组织环境主题翻译培训之后，又制作了一本书目手册，收录了法国思想界最具代表性的33本书籍，以供译成中文。

中国立即做出了响应。得益于中国文联出版社的积极参与，“绿色发展通识丛书”将在中国出版。丛书汇集了33本非虚构类作品，代表了法国对生态和环境的分析和思考。

让我们翻译、阅读并倾听这些记者、科学家、学者、政治家、哲学家和相关专家：因为他们有话要说。正因如此，我要感谢中国文联出版社，使他们的声音得以在中国传播。

中法两国受到同样信念的鼓舞，将为我们的未来尽一切努力。我衷心呼吁，继续深化这一合作，保卫我们共同的家园。

如果你心怀他人，那么这一信念将不可撼动。地球是一份馈赠和宝藏，她从不理应属于我们，她需要我们去珍惜、去与远友近邻分享、去向子孙后代传承。

2017年7月5日

（作者为法国著名政治家，现任法国宪法委员会主席、原巴黎气候变化大会主席，曾任法国政府总理、法国国民议会议长、法国社会党第一书记、法国经济财政和工业部部长、法国外交部部长）

“绿色发展通识丛书”总序二

万钢

习近平总书记在中共十九大上明确提出，建设生态文明是中华民族永续发展的千年大计。必须树立和践行绿水青山就是金山银山的理念坚持节约资源和保护环境的基本国策，像对待生命一样对待生态环境。我们要建设的现代化是人与自然和谐共生的现代化，既要创造更多物质财富和精神财富以满足人民日益增长的美好生活需要，也要提供更多优质生态产品以满足人民日益增长的优美生态环境需要。近年来，我国生态文明建设成效显著，绿色发展理念在神州大地不断深入人心，建设美丽中国已经成为13亿中国人的热切期盼和共同行动。

创新是引领发展的第一动力，科技创新为生态文明和美丽中国建设提供了重要支撑。多年来，经过科技界和广大科技工作者的不懈努力，我国资源环境领域的科技创新取得了长足进步，以科技手段为解决国家发展面临的瓶颈制约和人民群众关切的实际问题作出了重要贡献。太阳能光伏、风电、新能源汽车等产业的技术和规模位居世界前列，大气、水、土壤污染的治理能力和水平也有了明显提高。生态环保领域科学普及的深度和广度不断拓展，有力推动了全社会加快形成绿色、可持续的生产方式和消费模式。

推动绿色发展是构建人类命运共同体的重要内容。近年来，中国积极引导应对气候变化国际合作，得到了国际社会的广泛认同，成为全球生态文明建设的重要参与者、贡献者和引领者。这套“绿色发展通识丛书”的出版，得益于中法两国相关部门的大力支持和推动。第一辑出版的33种图书，包括法国科学家、政治家、哲学家关于生态环境的思考。后续还将陆续出版由中国的专家学者编写的生态环保、可持续发展等方面图书。特别要出版一批面向中国青少年的绘本类生态环保图书，把绿色发展的理念深深植根于广大青少年的教育之中，让“人与自然和谐共生”成为中华民族思想文化传承的重要内容。

科学技术的发展深刻地改变了人类对自然的认识，即使在科技创新迅猛发展的今天，我们仍然要思考和回答历史上先贤们曾经提出的人与自然关系问题。正在孕育兴起的新一轮科技革命和产业变革将为认识人类自身和探求自然奥秘提供新的手段和工具，如何更好地让人与自然和谐共生，我们将依靠科学技术的力量去寻找更多新的答案。

2017年10月25日

（作者为十二届全国政协副主席，致公党中央主席，科学技术部部长，中国科学技术协会主席）

“绿色发展通识丛书”总序三

铁凝

这套由中国文联出版社策划的“绿色发展通识丛书”，从法国数十家出版机构引进版权并翻译成中文出版，内容包括记者、科学家、学者、政治家、哲学家和各领域的专家关于生态环境的独到思考。丛书内涵丰富亦有规模，是文联出版人践行社会责任，倡导绿色发展，推介国际环境治理先进经验，提升国人环保意识的一次有益实践。首批出版的33种图书得到了法国驻华大使馆、中国文学艺术基金会和社会各界的支持。诸位译者在共同理念的感召下辛勤工作，使中译本得以顺利面世。

中华民族“天人合一”的传统理念、人与自然和谐相处的当代追求，是我们尊重自然、顺应自然、保护自然的思想基础。在今天，“绿色发展”已经成为中国国家战略的“五大发展理念”之一。中国国家主席习近平关于“绿水青山就是金山银山”等一系列论述，关于人与自然构成“生命共同体”的思想，深刻阐释了建设生态文明是关系人民福祉、关系民族未来、造福子孙后代的大计。“绿色发展通识丛书”既表达了作者们对生态环境的分析和思考，也呼应了“绿水青山就是金山银山”的绿色发展理念。我相信，这一系列图书的出版对呼唤全民生态文明意识，推动绿色发展方式和生活方式具有十分积极的意义。

20世纪美国自然文学作家亨利·贝斯顿曾说："支撑人类生活的那些诸如尊严、美丽及诗意的古老价值就是出自大自然的灵感。它们产生于自然世界的神秘与美丽。"长期以来，为了让天更蓝、山更绿、水更清、环境更优美，为了自然和人类这互为依存的生命共同体更加健康、更加富有尊严，中国一大批文艺家发挥社会公众人物的影响力、感召力，积极投身生态文明公益事业，以自身行动引领公众善待大自然和珍爱环境的生活方式。藉此"绿色发展通识丛书"出版之际，期待我们的作家、艺术家进一步积极投身多种形式的生态文明公益活动，自觉推动全社会形成绿色发展方式和生活方式，推动"绿色发展"理念成为"地球村"的共同实践，为保护我们共同的家园做出贡献。

中华文化源远流长，世界文明同理连枝，文明因交流而多彩，文明因互鉴而丰富。在"绿色发展通识丛书"出版之际，更希望文联出版人进一步参与中法文化交流和国际文化交流与传播，扩展出版人的视野，围绕破解包括气候变化在内的人类共同难题，把中华文化中具有当代价值和世界意义的思想资源发掘出来，传播出去，为构建人类文明共同体、推进人类文明的发展进步做出应有的贡献。

珍重地球家园，机智而有效地扼制环境危机的脚步，是人类社会的共同事业。如果地球家园真正的美来自一种持续感，一种深层的生态感，一个自然有序的世界，一种整体共生的优雅，就让我们以此共勉。

2017年8月24日

（作者为中国文学艺术界联合会主席、中国作家协会主席）

目录

序一

序二

哈比和卡普拉的谈话

序一

“大地母亲”——多美的名字！然而，林立在大地上的城镇已使我们远离了她，而现如今，连城镇也无法局限我们的生活范围，又有多少人，能够真正理解脚下这片沉默不语却与我们羁绊一生的土地？在亚里士多德的四元素说[①]中，只有土是后天形成的。是几千年的蜕变，才使最初四十厘米厚的贫瘠土壤，成了能够孕育生命的大地。她是囊括万千纷繁的寂静宇宙，是上演精彩绝伦的生命活动的舞台，在她这里，有种神秘的智慧统领一切。在这不太引人注目的土地中，就如同在人的胃中一样，养料被分解、转化，并被植物吸收；植物开花结果，不断生长，才养活了人和其他动物。我们所说的“大地母亲”，并不是象征性的或诗情画意的比喻，而是确凿的事实。

---

① 四元素说是古希腊关于世界的物质组成的学说。这四种元素是土、气、水、火。

是我们的大地母亲，养育了我们惊叹不已的空中的飞鸟、妖娆的花朵、葱郁的树木、矫健的野兽，还有黎明和黄昏的景致。同样地，她还是我们的精神家园，每时每刻地滋润着我们内心的灵魂。然而，倘若离开生命之源——水，离开太阳的能量，离开渗透她、滋养她的空气，任何土地都将变得贫瘠，寸草不生。我们要意识到，是因为这一切有形无形、精灵变化的元素，才使地球变得生机勃勃，成为生灵的家园。

由此，生命与生命之间就建立了一种严密统一的关联逻辑。土地、植物、动物、人类，均是联合而不可分割的。但目前，我们正在做着很危险的举动：我们试图将人从这个联合逻辑中抽离出去，并且试图统治甚至颠覆这种关系，这种做法实际上与智慧背道而驰。随着当下科技的进步、重工业的发展、产能的提高、一切有价值物品的商品化，土地与动植物对我们来说变成了利益的源泉。我们播撒统一的、退化了的种子，应用专利和转基因物种，施化肥和合成农药；单作、过度灌溉及机械化生产，这些行为已经造成了极大的生态损害。农业，归根结底，仍是生产本位主义意识形态的体现。这种意识形态迷恋增长，也体现了在这个星球上生存的人类的贪婪。在市场和利益至上规则的启发下，现代农业的进程已严重危及土地自身物理、生态和能源的完整性。在人类的认知、生活原则和保障生活可持续性的法规之间，现代农业造就了不可调和的矛盾。

整体来看，现在的经济、生态和社会形势不容乐观：腐殖质被破坏、水资源被污染、农业与畜牧业中生物多样性在降低；真正的农民正随着他们的智慧、知识和文化一同消失，农村也逐渐消亡；荒漠在推进，而种子的筛选操控和专利化却越发地普及……土地是有生命的，如果我们对她进行残暴的掠夺，我们的后代就将不可避免地承担严重的后果。

此外，当下的农业生产，已经被证实使用的是高耗费并且完全依赖农业历史的脆弱模式。在产业化影响下的农业生产，每出产一千克的肉，需要耗费超过一万五千公升的饮用水；一吨化肥，需要消耗近两吨的石油；食物成品中的每一份卡路里，在生产过程中，都要消耗十倍的能量。类似的例子不胜枚举，它们都很好地说明了我们现代生产活动的方式不尽如人意。这种试图用最少的农民运作着最大投入的行业的方式，究竟能为我们带来怎样的成效？

目前种种现象反映的僵局，实际上远远超过了农业的范畴，它使我们感到迷茫。在众多对未来的预测中，人类消亡正变得越发可能。我们也许会毁掉地球，不过这个星球更可能会顽强地活下来。我们的命运，是通过我们的自然本质与地球紧密相连的。我们需要地球，但她并不需要我们。我们吟诵着歌谣，去洗白那些无法辩护的行为；去掩盖决策者的无能；去粉饰这歌舞升平的盛世。普通民众被打着先贤旗号的言论所迷惑。这些言论能使听众相信自己是迷茫无助而需要他们的指引——这样的“神力”，恐怕也只有奥林匹斯山中的众神能掌控了。但不论如何，当下无法回避的悲剧，很大程度上都是我们一手造成的。

如果我们再不做出改变，将难逃灭绝的命运。

有这样一群人：他们知晓自身的局限，播种希望以唤醒建设性的积极意识。我希望可以成为他们当中的一员，因为，只要我们做出努力，完全可以改变世界。而农业，就是一个很好的社会改革契机。与土地相关的劳作，尽管遭受愚昧的成见，却是人类文明活动中最基本的要素之一。曾几何时，当城中的市民遇到缺粮的时节，就会想念自己的农民亲戚，想念这些过时的“乡巴佬”。而如今，开发商和企业家取代了这些“乡巴佬”。他们如此高效密集地发掘土地的财富，以致造就了预料之中的灾难。现在的富裕阶层，在将来是会继续占有那些终将化归尘土的物质财富，还是会回归大地，从肥沃的土壤中收获生生不息的繁荣？这一切，都还是未知数。

我希望此书可以通过多方面的阐释，纠正大众对农业生态学的偏见和误读。农业生态学不限于某种农艺技术，也不是农业产业的应用方式。我们所说的农业生态学，是敬畏生态系统的人类文明的基础。人作为组成生态系统的一分子，应当促进生命的发展，而不是阻碍它。

这段文字从历史、社会和伦理的角度简要介绍了农业生态学的范畴。接下来，是我和农学家雅克·卡普拉的访谈。卡普拉出版过多本农业领域的著作，能和他就农业生态学的各个方面，就生命伦理的必要性进行谈话，我深表荣幸。

皮埃尔·哈比

一万到一万两千年前，人类的生产活动从原始的采集狩猎进化为农耕。人类收集野生植物的种子并加以栽培，以获取食物、制作药材、编织衣衫，满足上千种生存需求。人对动物也是如此，获取它们的肉、奶、毛皮、骨骼、肌腱，利用它们的天性、耐力、力量、速度，也会用它们的粪便为耕地施肥。这些过程被称为驯化，即“定居整合”。

这一过程被称为新石器革命。它在我们的进化史中有着举足轻重的地位。考古学家认为，新石器革命主要发生在（但不仅限于）近东，因为在当地野生谷类群落中，小麦是主要物种。作为食物，小麦不仅能够食用，也能够在粮仓中存储。因此是非常理想的保证长期食物供应的选择。食物有了保障，人不再听天由命，也摆脱了焦虑和恐惧，因此得以放飞思绪，进行哲学、物理、科学领域的研究，进行各式各样的创造。这些条件尤其有利于美索不达米亚文明、古埃及文明、亚洲文明（栽培大米）和古印第安文明（栽培玉米）的形成和发展。农业拥有这些令人惊叹的属性，被称为人类文化之基，也不足为奇了。

一些文明流传至今，饱受赞美。然而，它们发展的同时也在破坏生态环境：过度开垦畜牧、砍伐森林，从事其他对地球生态环境极其有害的生产活动，等等。

然而，在农业的发展历程中，原始时期的人类对土地保有极大的感激、爱慕和尊敬之情。这类似于母婴脐带关系的人和大地的关系，使人们在温和节制的行为中获得满足感。在当时的人类意识中，取用自然资源是无形而普遍的实质的表达，人依靠良知来保障生存的延续。资源的用量既合理，也合乎伦理道德：同其他生物一样，这些原始人获取资源仅为生存，而非挥霍。十九世纪入侵美洲的白人大肆屠杀野牛，这一野蛮行径使印第安人惊恐万分①。

对他们来说，这种行为是对有灵万物的亵渎。倘

---

① 近期的考古研究发现，印第安人的祖先在大约一万年前移居到美洲大陆。他们的到来导致了本地巨型动物群的灭绝。尽管如此，他们的后代也已反省并补救了这个错误。

若神论的文化能从这样的觉悟中稍受启发，现在的世界也一定会大不相同。不论是犹太基督教、伊斯兰教，还是其他的宗教，都认为地球只是升向天国的平台，而天国，才是灵魂最终的栖息地。我们永远无法衡量我们的行为对伟大的自然生态造成的破坏。

相反，我的这些考虑侧重的是衡量人与自然数千年的和谐生存模式与近代城镇化之间的断裂程度。近代的人已经将自身的生存与加工食品的运输紧密关联。技术，特别是热力学的发展，创立了依托能源的人类文明，人们大量发掘埋于地下经千万年化学变化形成的煤、石油、天然气等资源。这样来看，同现代农业依赖作物生产一样，我们“以此为生”的这些能源，其实还是来源于动植物。

我们“石油上的文明”看上去很强大，但实际上它仅仅依靠些科学技术，要比我们想象得脆弱很多。离开了石油、电力和通信，一切都将崩塌。这种情况下，只有还与自然相依的人，才能逃过一劫。我常常提起出版于“二战”之后，费尔菲尔德·奥斯本的《被掠夺的星球》一书。奥斯本是纽约动物学会会长，他发出警告称，“人类已经误入歧途，对自然的无尽消耗所带来的生存威胁，远远大于任何一场战争”[1]。然而各个权力机关显然并没有领悟这一点，他们还是热衷于各种无意义的争论，一边想要把世界改造成一座游乐场，一边却不愿意接受畅玩所需要的那份真正的童真。

若想解释人类的行为，就需要考虑到最关键的因素，即人的主观性和他们为各种目的而做出的生产活动。在技术革命的历史进程之下，连普罗米修斯[2]也相形见绌。人类，有了理性做武器，自诩成了命运的主宰者。这是多么狂妄无知啊！我们必须得承认，这个普罗米修斯式的梦想如今已经沦为苦涩的沮丧，因为我们的凡胎肉体还是会生老病死，并承受着无法掩饰的焦虑，遭受着自然法则的制约——就像我们现在想制约自然一样。

有个著名的问题，至今也没有令人信服的答案：

---

① 费尔菲尔德·奥斯本的《被掠夺的星球》，翻译：M.普拉尼奥尔，南方文献出版社，“巴别”系列，编号931，2008年。

② 普罗米修斯在希腊神话中，是最具智慧的神明之一，最早的泰坦巨神后代，名字有“先见之明”的意思。普罗米修斯不仅创造了人类，给人类带来了火，还教会了他们许多知识和技能。

“人死之后还有生命吗？”这让我想出了另一个更关切的问题：“人死之前有没有生命？”因为“存在”对我来说，除了活着以外，还要活得精彩。分析生活中的各种问题时，我们可以畅所欲言。但不论我们信奉何种言论，都必须承认，各式教义或学说堆积出的理论框架连彼此间都难以形成共识，更无法去解决实际问题。不仅如此，这些理论还误导人性，也是在地球上反复上演的社会悲剧的主导诱因之一。我们本可寄希望于宗教开化众生、引导和平。可是，与宗教形影不离的，常常是误解、纠纷，还有流血的冲突。

毫无疑问，科学推动了社会进步、拓展了诸多知识领域。但科学的杰作有时也像恶魔之花——比如说氢弹，就是一个很好的例子。正如拉伯雷所说，“没有良心的科学只是灵魂的毁灭。”我认为，现代的农业科学受到全实证主义的标准的启发，是破坏土地生态、环境、水源及其他千万年来以生命为本形成的生态规律的元凶之一。地球的繁荣，是依靠各种生物之间的有机合作而建立的。我和友人让-玛丽·佩尔特合著的《世界有意义吗？》[1]清晰地描绘了这些精彩绝伦的有机合作。否认自然生命遵循的智慧，就是否认人类自身，因为就连我们自己，也是这智慧的产物。人，其实就是滋润我们身体的水、养活我们的大地，也是空气、光、热，以及千千万万我们研究学习的各种元素和成分。

人类的非理性，并不在于现代知识在教化过程中产生的问题，而是在于迷信危险而不切实际的无限“经济增长”。对于诸如经济学家等领导人来说，“增长”是被吹捧为解决一切问题的万能钥匙——其实，在明眼人看来，“增长”才是一切问题的根源。客观的分析有助于理解人的无尽欲望并不适合资源有限的地球。举例来说，农业的产业化就是一场灾难：它无法正确处理农业与自然的关系，还将人类领入了产业农业自身也难有胜算的领域。农业的产业化，使得为了实现商业化单作的盈利目标，大量食品被抛弃；小型农户，也被贬谪到食品行业的小工一列。20世纪，由于科技的发展没能很好地配合人类自古形成的掌控一切的冲

①《世界有意义吗？》，让-玛丽·佩尔特，皮埃尔·哈比葛，法亚尔出版社，巴黎，2014年。

动，导致了人类延续几个世纪的粮食自给和饮食文化遗产遭到了史无前例的破坏。

饥荒的存在在今天看似毫无道理，然而它却实实在在地威胁着上百万人的生存，正如吉恩·齐格[1]所说，“一个因饥饿死亡的孩子是个被谋杀的孩子”。我们美丽而慷慨的星球能提供的资源如此之多，这样的事根本不能被宽容。一颗麦子，通过大自然赋予它的无限繁殖的能力，就有了养活全人类的潜能。

我出生在撒哈拉大沙漠，童年时期便经历了粮食短缺。五十年来，我一直在努力，为解决这个攸关生命的头等要事而奔波。饥荒，抑或粮食短缺，正影响着越来越多的人，尤其是那些一出生便因营养不良而慢慢痛苦死去的婴儿。在今天，每七秒钟就有一名不到十岁的儿童因饥饿而死，这样的事您相信吗？一些人面对如此悲剧而无动于衷，这和其他任何现象相

① 吉恩·齐格是当代瑞士社会学家，是联合国就世界范围内粮食权利问题的特别调查员，在他的著作《大规模毁灭：饥荒的地缘政治》（2011年瑟伊出版社出版）中提到“以当今全球的农业产值而言，其产量能够让一百二十亿的人口吃饱。因此，这不是宿命：一个因饥饿死亡的孩子是个被谋杀的孩子。”

比，都更能体现他们的自私自利、对他人的冷漠无情和对特权阶级统治的俯首称臣。我们所谓的“发达社会”已经陷入了荒谬的消费模式，就如同人残缺的灵魂一样，由此产生的饥荒问题其实是社会病态的体现。在种种苦难之间，人类很显然需要重新评估我们在这个星球上“生存”的形势。在食物方面，地球所蕴藏的资源其实能够轻松满足人类和所有生物的需求。想要实现这一点，人就不能将这壮美的星球视作一处矿藏，直到砍掉最后一棵树、钓起最后一条鱼来满足人对庸俗财富的贪欲才罢休。我们需要摆脱盲目的自我安慰，认为粮食问题只存在于贫穷落后的地区，或者只会发生在腐败的独裁统治下的人民身上。由于西方国家和新兴国家的贪得无厌，全球粮食匮乏成为一个可以预见的事实①。

我们需要立即反思破坏性的生产活动。目前的科学、技术、政治之间盈利模式完全建立在对土地资源的破坏和消耗之上。“改善人类的生存条件”，常常作

---

① 见联合国粮食及农业组织最近的报告，天主教反饥饿和发展委员会的分析，政府间气候变化专门委员会关于气候变化对农业影响的评估。

为“利他主义”的托词，造成了发达国家与落后地区之间的巨大差距：截至2015年，世界上最富有的80人所拥有的财富与最穷的35亿人（世界人口的一半）相当。如果这样的世界也算“文明”，那我们评估人类发展的标准着实要重新商榷了。金融作为人创造的绝对权力的象征，已经掌握世界的霸权，但它却反映着人类自身道德的沦丧。人还为了便捷的等值交换发明了货币，但这个发明现在已沦为服务于人的欲望的帮凶。各地的人民手中的公共财产，包括土地，被收缴上去，他们直接获取重要生存资源的途径也因此日益减少。权力机关依仗着由人民推选而出的信任，不去造福于民，却狂妄地做起抢劫的勾当。按照这种逻辑，将来的地球也许会成为某个集团的私有财产。

农业，从一开始就被生命的无形规律掌控着。而现在的农业则受制于依附国际产业和化工的农艺。农业的产业化，使利益最大化成为可能。农民这一职业，被认为过时、愚蠢，迷信并只局限于自己的几亩田地，他们的价值因而迅速降低。新型的农艺学则依靠合成产品的工艺和应用，得到了科学的名号，被认为可以解决过去所有因客观原因而产生的农业问题。随后，权力机关再将新型农艺推广至各个地区。农学教育则侧重于培养农学工程师，他们将负责在全球范围内普及新型的生产模式。对于这些相信新型农业神话的人，我并不想刻意去批评，只是想从逻辑上做些分析：农民的消失，从某种程度上，可以视为对长久以来禁锢在土地上的劳动者的解放。这些新兴的自由民可能会离开他们的农场，成为流水线上的领工资的工人，享受着带薪假期和其他社会福利。农民，追随着现代化的步伐，同时也可能成为“农业开发者”“土地产业开发者”。“开发者”并不是随便叫的，它有着特殊含义——它源自矿业中“开采至尽”的观念。

土地因此不再被认为是一个神奇而值得敬仰的、肥沃而复杂的有机体，而是被视作一个用来接收各种合成化学成分的基底，并保证农业开发者种植的作物得以生长。土壤本身的概念，已经远远偏离了现代农民内心对它的看法。农业的术语也变得更加严肃而“科技化”，反映了自然被解读的新方式。我常常感叹，政治生态学为了维持科学理性的形象，不敢承认自然是我们精神滋养的源泉。

以科学技术为导向的农业经济新概念引导农艺科研，开创了许多细化的专业领域，并培养了农业化学的研究者。这一拆分导致了原本浑然一体、不可分割的生态秩序的碎裂。造成生态秩序解体的专业细化（如粮食生产者、葡萄种植者、饲养员、果农、菜农，等等）被当作人类理性的巅峰呈现。细化的采矿业模式被应用到农业模型中。农作物成了化学、农机、种子、银行、实验等领域的“摇钱树”。原本生产战争物资（硝酸盐和杀虫剂[①]）的企业想尽办法将这些产品改为肥料填入土壤，以供作物生长，其中尤其著名的是“氮磷钾”三元复合肥。

为了自己和后代，在我和妻子米歇尔的规划中，我们的土地劳作需要规范化以保证不亏损。但是我们的规范不能以牺牲完美统一的“生命”为代价。于己有所节制，朴素却也幸福。这虽然不能消解生存的艰苦，却能让我们对未来的建设有更好的领悟。尽管困难重重，能常体会到与自然生命和谐统一，这份愉悦也是值得的。但当下的世界，却在我们的内心中笼罩挥之不去的羞愧和责难。对生命的关怀爱护应是我们

① 在被应用到化肥中以前，硝酸盐最早被用来制成炸药（这也是造成2001年图卢兹AZF化工厂爆炸的原因）；杀虫剂则最早被用来制造化学武器（在第二次世界大战和越南战争中被广泛应用）。

当仁不让的职责，而我们却对身边不断回荡的求救置若罔闻，我们的声音也千篇一律、毫无力量，无法起到宣传教化作用。

1981年，我的农业改革实践在萨赫勒地区开始实行。在布基纳法索的戈罗姆戈罗姆，当地的青壮农民接受我的培训。这些人同其他农民一样，遭受着世界对他们的偏见。他们扣着“贫穷落后”的帽子，被雇来种植出口作物（在萨赫勒地区主要为棉花和花生）。化工产品则披着“进步”的外衣被应用到当地农业生产中。它们在西方的农业生产中取得成效后，被誉为促高产的灵丹妙药而推广至世界各地。只不过西方世界对他们得用两吨石油生产一吨化肥的事实闭口不提。石油是以美元结算的，这样的投资在第三世界的农民中会带来什么效应，相信大家都不难想象。在施用化肥和农药后，农作物只要没有干死，一旦收割就立即被分组并发配到竞争激烈的世界级别的原材料市场中。这种做法对原产地的诸多生产因素置之不理，例如土壤状况、气候、几亩小田地上耕作的传统人畜力和成百上千公顷土地中作业的机械化力量的差距。这种不平等条件下遭殃的显然还是最弱势的农民。由此在农民中产生的心理落差除了造成一些直接影响外，还会催生出农民对农业的失望，从而促进农村人口向城镇的“流失”。原先统领土地的农民，在污秽的城镇中地位尽失，饱受排挤。单个地区实现粮食自给也因此成了问题。在这精心策划的贫富差距中，只有一小部分人是最终受益者。他们享受着全球化带来的好处，搜刮原本属于各地人民的生活资源来满足自身的贪婪。可悲的是，这样的现象越来越普遍，最终带来的只能是越来越多的社会冲突。

我于20世纪80年代以生命为本提出的“农业生态学”概念，在阿尔代什省和萨赫勒地区开展的实践中得到了良好的成效。“农业生态学”鼓励每个人贡献自己的力量，协助重建土壤生态、限制化学品的投入、降低生产和运输产生的污染、减缓农村地区人口流失以振兴地方经济，因为那些涌入城镇中的农民，大多无法摆脱贫困。农业生态学旨在各地维护和发扬农业自古以来形成的价值。从长远角度来看，帮助个体农户，其实就是在帮助我们自己。

越来越多的人认识到，农业生态学通过在小规模基础上重新分配农产品，适用于各种气候条件，能够维持土壤肥力并保护生态平衡，是养活全人类最好的也是唯一合理的方式。粮食的短缺，往往是由于人们原本掌握的资源被剥夺，而因此过度依赖食品供应链的结果。在自然的生态系统中，每种生物都知道怎样满足自身的生存需求，它们在一起构成了完整的食物链。为什么人类就一定要特立独行呢？大自然养育了人类，在大约一万年的时间里，人类从事耕作，土地满足了人类几乎一切的需求。

现在，研究人员终于开始调查粮食问题和一些所谓“文明”带来的社会顽疾之间的联系。尽管我们装备精良、踌躇满志，但这些顽疾却仍愈演愈烈。食物、空气、水、光、热，这些原本与生命息息相关的因素，现在却变成了死亡的帮凶。不论如何，我们接受大地慷慨馈赠的同时，有义务理解、尊敬和保护她。

因此，倘若我们不希望出现食物短缺、饥荒肆虐的情形，我们在满足自身生存需求的同时，敬畏一切生命就变成当仁不让的选择。这也是为什么几十年来，我们在全世界推行农业生态学的应用获得了重大成功。农业生态学模仿自然规律，施有机肥、不犁地翻土、回收利用植物废料、进行组合种植、播撒自然生长而有繁殖力的种子，等等，它有助于地区人口实现粮食自给，保障食品供应和食品安全，同时也能够保护本地的饮食文化，使其能够代代相传。农业生态学深刻理解土壤乃至整个生态圈的规律，它依据实际情况调整生产方式，因此适用范围很广。许多国际大型机构最初对农业生态学十分抵触，现在也渐渐承认并接受了它。一方面，我对他们态度的转变感到很欣慰，另一方面，又为过去因此而花费的时间和精力感到惋惜。不过俗话说，“亡羊补牢，为时不晚”。同时，我们也需要对农业生态学的道德人伦方面保持审慎的态度，因为农业生态学的推广绝不仅仅涉及农业生产，而是关系到整个社会模式的大改革。

农业生态学有助于补充土壤肥力，抑制土地荒漠化和水土流失，同时也能维护生物多样性，并优化水资源的利用。它成本低廉，适用于贫穷落后的地区，通过回收利用人和动物的丰富的代谢产物来协助生产——尽管这种方式常被人忽略。农业生态学能够最大限度地调用当地的自然资源，这样农民就不再需要依赖有毒有害而且价格昂贵的合成添加剂。一般的农业生产由于不善经营和分配，每天都有粮食需要经过上千公里的运输才能抵达目的地，由此产生了大量的运输污染。而农业生态学通过合理的规划种植，能实现大部分产品的本地化生产，从而大幅度降低环境污染。农业生态学的主要目的之一，就是在保证人和自然生态的健康同时，实现高品质的食品供应。它的精髓体现在其“基座”的作用：人类有望在此基础之上，重建与自然生命和谐统一的生存状态。

关爱生命和享受生活不能仅仅停留在思想层面。唯实论指出，我们常常混淆智慧和大脑的能力，而真正的智慧能够引导我们的作为。目前的我们正处在一个关键的转折点：为了应对这场前所未有的危机，最好的办法还是恢复传统的耕作。不破坏这长久以来一直延续的生态杰作，是对人类自己也是对后代负责的表现。有些人认为，人类可以导致星球的毁灭，只不过这样的看法十分荒唐，因为地球所经历过的巨大变迁，多到不可想象。对于强大的自然而言，我们只不过是她漫长衍变中的略感意外的产物，她渐渐地忽略我们，而这份忽略对我们自身的打击，却是毁灭性的。

因此，农业生态学绝不仅仅是某种农艺的简单体现形式。农业生态学敬畏生命，并且敦促人类履行自己相应的职责。它绝不停留在满足肤浅而善变的欲望上，而是通过人与大地建立联系，重建原初时生灵和土地的神圣形象。从务实的角度来看，农业生态学通过运用恰当的手段与调配必要的资源，发挥个体和组织的力量，为一个合理而繁荣的社会打牢基础。基于农业生态学管理原则的生态系统，应当能逐渐调整当地的气候、提高生物多样性、为粮食生产和建筑需求提供多种资源、为本地生产活动提供能源、引水开渠、植树造林、改善地区卫生状况、推行自然疗法、保护本地动植物群落，等等。正如我所强调的，农业生态学不仅限于某种农业生产技术。它扮演着根基的作用，由它而生的是人与自然的和谐与自洽。农业生态学是人类在这个美丽星球上的生活艺术，它超越文化和国界，是人文精神最终的体现。

皮埃尔·哈比[1]

---

① 皮埃尔·哈比是"土地和人文"组织的创办者，该组织致力于推广农业生态学。

哈比和卡普拉的谈话

介绍

农业生态学是一种农业生产实践，同时也是人类智慧的体现。作为前者，近年来农业生态学受到了来自法国和世界各级机构的重视：2014 年实施的法国《农业、粮食和林业未来法》着重强调了农业生态学；2011 年联合国人权理事会的食物权报告有所提及；联合国各部门自 2010 年初起草的各项文件和项目也多涉及农业生态学。这虽然是促成公共政策逐渐转变的有利时机，不过农业生态学的概念也可能同政治和经济问题相混淆，使得它被误解歪曲，甚至有可能沦为相反利益方的手段和工具。一些跨国公司，侵占着农业资源、销售着对环境有害的产品，这样的群体，对农业生态学会是怎样的态度?

因此，通过皮埃尔·哈比和农学家雅克·卡普拉的互动谈话，展示哈比的经验与卡普拉的反思，显得十分有借鉴意义。

卡普拉农民出身，先后在一家农业工会和一家农业组织中担任农田顾问。他也因而十分了解农业的多样性和农业工作者对于农业技术发展的需求与计划。他随后担任了有机农业国家联合会的议员，参与了诸多国家及欧洲相关政策的制定。其中，他组织领导了法国有机种子专家组，同时也是欧盟就此问题研究的法国代表之一，并参与建立了“农民种子社区”。在 2000 年，卡普拉作为领头成员开展了法国有机农业援助，也做出了许多关于向有机农业转变的总结和建议。除此之外，他也在非洲工作过，并积极参与各项欧洲的相关项目和计划。卡普拉也是法国南方文献出版社 2012 年出版的《有机农业养活人类：示范》和 2014 年出版的《农业的转变：成功过渡》等著作的作者。

卡普拉作为“环境行动”组织的领导者，投身到最近有关农业的各种讨论中，并指出了当下人们对于农业生态学政策的种种误解。他与哈比的会面，使我们能够更清晰地定义“农业生态学”，明确其价值和意义，并更全面地评价与指导当今的农业发展政策。此次访谈进行于2015年5月31日，阿尔代什。

农业生态学之本源

雅克·卡普拉：你的“农业生态学”并不是一个理论或者概念，而是你在生命历程和哲学探索中的伦理和实践。为了更好地理解这个“农业生态学”，你能说说自己相关的经历吗？

皮埃尔·哈比：能成为一个农民，不受周围环境的限制做自己热爱的事情，是我这辈子遇到的最幸运的事了。而这些环境上的限制，我接下来会谈到。有一种说法我很喜欢：一个国家属于它的农民，而农民也属于他的国家，两者互相依赖、紧密结合。我的“农业生态学”事业起步于阿尔代什省的赛文山脉，但真正驱使我离开阿尔及利亚的家乡来到巴黎，并从最初普通工人转业农业生产的，是我第一次工作的结果。我出生在阿尔及利亚，但被巴黎的家庭收养。而我离开巴黎和原本的打工生活，是因为在这个贪婪而无所顾忌的世界里，难以找到我的目标。我感到，即便是要逆着当代发展的潮流，逆着这辉煌三十年[①]所实现的城市化进程，我也一定要做一些不同的事情。

在我进行第一次农业生态学实践之前，我曾在一个农场做了几年帮工，这样能积累一些经验，获得农业生产的第一手材料。结果在第一个雇主那里，我就发现人们毫无节制地使用合成添加剂，这让我感到十分震惊和愤怒。很有意思的是，当我表现出不太配合他们的工作时，老板一开始很不高兴，直到后来我的一个医生朋友皮埃尔·理查德建议我们读一下艾伦弗里德·费弗的《土壤的肥力》。读完此书，我的老板仿佛换了个人一般，对自己以前的工作模式产生了质疑。他可以算是我第一个“启蒙”的农民了。不管怎样，我做不出拿毒药灌溉作物的事情，我所做的，一定是有机的、生态的。

1963 年，我和妻子米歇尔在阿尔代什有了自己的农场。我们决定养山羊，因为山羊在那里很好养。那里的地崎岖不平，有很多岩石，绵羊和牛都养不了，而山羊喜欢攀爬，在干旱的地区也能生存。我们挤山

---

① 辉煌三十年：指法国“二战”后1945—1973年的经济腾飞时期。

羊奶，并不卖给其他商户，而是做成奶酪在当地的市场里卖。当时摆在我们面前的有两种选择：要么我们加大鲜奶产量，专门卖鲜羊奶；要么就把奶做成奶酪，提升产品的价值，这样就免于苦苦追求产量的境地。我们自己限制了羊群的数量，为的是不过分消耗资源，保护自然环境，这样我们也能很好地适应这个荒木丛生、碎石遍地的广阔地域。我们也种了一小片菜园，为我们提供了食物的同时，也加强了土地、植物、动物和人类之间的关系纽带。我们适可而止，这样我们的孩子就享受到更多的自然资源。

我们刚过去的时候，那里的地太旱了，连一棵树都没有。不过后来我们开始收集山羊的粪便和植物的废料，做成肥料填进土中，渐渐地种起了果树。我们还在地面空隙种了些其他作物用来固土，农作物的选择也是根据当地的气候和土壤条件选择的，这样一来，我们与农场的关系就变得亲密而和谐。我们不仅应该回归自然、回归生命，也应该尽力改善大地的生命力，以创造无限可能。

现在的时代，人们已经不再需要奋斗求生，而是要改善生活条件。一块地，如果人觉得可以种点东西，但因为石头有点多，种树没办法种得整齐，其结果可能十分扫兴。学会与地形、干旱程度、土壤厚度和动物行为相妥协，是一种解放般的觉悟。

我们只养了三十只山羊，一个是不希望我们的生态养殖向产业偏移，另一个也是我们自己的选择，这群山羊，更多地像我们的伴侣。我们从来没把它们当作产奶的机器，我们只是想将其他生命当作有尊严的存在，并与其和谐相处。我们给每只山羊都取了名字，有时候在饭桌上谈论起它们，就像谈论我们的家人一样。换句话来说，即便我们以此为生，我们也只是和羊群“共同生活”，而不是“饲养”它们。我们和羊群之间友好和谐，并不存在剥削关系。我想，如果它们会思考的话，大概也会觉得我们是好人吧。

我们不仅尊敬自然生态，也尊敬我们的客户。我们和他们因为生意往来而结识，同时也保持着良好的关系。许多媒体对“回归土地”的人评价很差，其实我们也不希望被外界所排斥。我们毕竟还是社会中的人，而我们的所作所为，也反映了一些人类和社会的需求。米歇尔把这些原生态的山羊奶制成奶酪，我们的产品质量得到了极大的认可，我们也因此收获了客户的信赖，这带来的长远利益更不可小觑。我们与消费者之间的互动变得像老交情见面一样妙趣横生。换句话说，我们把我们的生产活动变成了生活的艺术，也变成了联结机遇的纽带。

雅克·卡普拉：你在农场中积累的经验，在后来的布基纳法索应用到了。

皮埃尔·哈比：20 世纪 70 年代末期，发达和落后国家的差距越拉越大，许多组织都加入了“国际团结运动”。我自己的农场经营了十五年，已经十分成熟，我也因此想要加入新兴的计划和国际间的交流项目，贡献自己的力量。我收了一个实习生，他来自当时的上沃尔特，也就是后来的布基纳法索。他学成返回后，引起了当地政府的兴趣，我便受邀来到了上沃尔特。1981 年，我开始在布基纳法索的一个培训中心培训当地的青壮农民，我建议他们停止施用化肥，并取而代之使用本地的材料制作有机肥。对于他们，尤其是那些最穷的农民，只有让他们因地制宜、自给自足，我的经验才会显得有价值。

在米卢斯旅行社的协助下，我们在布基纳法索北部半干旱地区的戈罗姆戈罗姆设立了一个农民培训中心。通过努力，我们的方法得到了 1983 年上任的布基纳法索总统托马斯·桑卡拉的认可。他大力支持农业生态学，并且希望在我的领导下进行全国的推广。不幸的是，桑卡拉在1987年被刺杀，这一计划也被迫中断。不过农业生态学仍在继续扩大影响，并且涉及了其他一些非洲国家。我认为，这是对非洲价值非凡的一次转变和进步，农业生态学也因此收获了人文价值——这不同于人道主义，并且这次进步，也能将农业生态学囊括进全球范围的粮食生产范畴中。与此同时，我也领略了植物在极端环境中的适应能力，它们能在荒漠中扎根，从寥寥的雨水中吸取养分。这样非凡的能力，我们一定要好好珍惜，并加以开发利用。

雅克·卡普拉：你怎样总结农业生态学的技术基础？

皮埃尔·哈比：我们从土壤开始说起。一块健康的地实际上由许多部分组成，就是物理和生物条件都有所区别，但又相互辅助相互影响的几层土层。其中，表层土地生长着好氧植物和微生物，它们需要氧气，这就需要我们不要过分地压实表层土，以保障里面的各种生物生长繁殖。而且，既然土壤中的微生物是按层分布的，我们就不能大翻土，这样会打乱他们的平衡。像犁地这种把深层土翻上来、表层土埋下去的做法实在不可取。我们其实只需要把土松一松，这就足够了。

除此以外，我们还要防止土壤侵蚀，并且促进水分下渗。要做到这点，需要用植被把土地全部覆盖，避免土地的裸露，并种植某些根系发达的植物，这样还可以起到固定的作用。在固定土壤方面，树是最理想的选择。在一块地里，还应该尽可能进行组合种植，这样不仅可以充分防风固土，并且可以最大限度地利用太阳能以提高效益。在热带及萨赫勒地区，分层种植最理想，上面种树，下面种庄稼。因为在这些地区，风和雨对土壤的侵蚀十分严重，所以就需要采取这种特殊的“抗侵蚀”措施。而且，这些地区的森林砍伐、过度放牧、放火烧山等行为还是十分常见的，这些行为会对环境造成严重的破坏，需要严加管理。

粮食的产量与土地的肥力有关。不过我们不应该依赖化肥增加土地的肥效，而是依靠有机的堆肥来完成这项工作。最理想的有机肥，应该由动物粪便、稻草和其他植物废料混合后加氧高温发酵而成。这个过程叫作堆肥化，可以使肥料性质稳定，并且去除致病的生物。发酵而成的肥料，闻上去就是森林中土地的味道。维持土壤生命力的，其实就是腐殖质。堆肥的特性使它能像海绵一样吸水，这对于在萨赫勒这样干旱的地区尤其适用，经过我们的实践和应用，堆肥取得了很好的成效。堆肥能固实风沙化的土壤，也能疏松过于紧实的黏土。堆肥同时也富含微生物，这一点很重要，因为它能在后续持续为作物提供必需的微量元素和养分。

植物种子的多样性也很重要。其中的每一个物种，都是历经千万年演变而成，而且还会继续进化下去。维护和促进多样性的工作，只有农民亲自在实际耕作中能完成，再先进的实验室，也无法代替他们。在现代，包括种子在内的生物多样性的流失是潜伏着的巨大风险，只是可惜很少有人能意识到这一点。我们现在的所作所为，我们的后代在将来都要为此付出代价。

这前两种防病虫害的方法都是通过施用腐殖土、播种适宜种子来实现的。施用有机肥料以后，土壤根据作物的吸收需要释放养料。有机肥料能够形成稳定的腐殖质，然后通过微生物的作用，将腐殖质中的矿物元素分离出来，可以被作物所吸收。这些微生物的作用是和作物实际的需求相配合的，不像那些化学肥料，直接就把可溶的矿物元素施进土里，这样做的后果就是作物吸收过量的矿物质，与微生物的合作模式被破坏，土壤中的微生物群落也因此遭到破坏，平衡一旦打破，虫害也很容易滋生。

如果生物多样性建立在适宜本地环境的基础上，那么这个生态平衡还会被进一步稳定。不过必须承认，完全预防虫害是不可能的。我们应该使用全天然的，持久度[1]和毒效都很低的材料。一些植物的浸夜和动物的排泄物就很理想。有时候通过作物的交叉种植，还能收获意想不到的互相保护效果：例如芹菜能帮白菜驱除粉蝶，而白菜又可以保护芹菜不受斑枯病的侵扰。农业生态学还有一种“生物控制技术”，通过保证其他生物，诸如昆虫、鸟类、小型食肉类动物的存在，来达到限制虫害的目的。对谷物种植来说，篱笆和草甸就很重要，因为它们是一种叫“步行虫”的甲

① 持久度是指一样产品在长期内维持它的效果或作用的能力。持久度低的产品很快就会失效，如果有毒性，也只能维持很短的时间。

壳虫的栖息地，步行虫以蛞蝓为食，因此能够帮助提高谷物的产量。这些技术有时也被称作“有害生物综合治理”。自然界中蕴含的这类方法有很多，我们需要善于发现并加以利用。而农业生态学的生物合作模式就是一个很好的应用例证。

作为生命之源的水确实很重要，但灌溉也要适量，不然可能会引发土地淋蚀、板结或者过度水化，使得土壤养分流失、变得脆弱。灌溉用水最好取用雨水，灌溉程度以不损害环境和地下含水层为准。我们在萨赫勒研发了很多技术，用以在干旱环境下最大限度地利用水资源。比如修土堤蓄水，减少妇女的运水工作量，减轻她们的负担。

雅克·卡普拉：水资源着实是农业生产的重中之重，不过除了水以外，畜牧也和农业息息相关，畜牧在法国农业中的运用并不久远，你对牲畜这方面是怎么看的？

皮埃尔·哈比：我所理解的农业生态学，是完全不符合那些商业养殖场出于利润至上和伪理性原则而饲养动物的方式。这些动物被这些人视为生产蛋白质的机器，饲养的过程也很冷酷无情，人们只是想在尽可能小的空间养尽可能多的动物，并且在最短的时间内实现最高的产量。

不过，如果养殖得当，牲畜的粪便也可以用来制作堆肥。它们也是生态圈中的一分子。要知道，全世界中大部分农民仍然在使用畜力来进行田间劳作和粮食运输，畜力的投入使得农作难度降低、效率提升。我觉得，在全素食主义和全肉食主义之间应该做一个妥协，适量地吃一些动物制品，因为这些动物本身也在农业生态学的平衡里起到维持稳定的作用。

不论怎样，我们都应该停止我们现在养殖动物的粗暴方式。这种方式，是任何一个有良知的人所不能容忍的。农业生态学式的畜牧会考虑到动物的需求，维持人和动物的亲密关系，并保障它们在一定区域内的自由活动。还有一点，就是动物一定要根据它们的习性喂养天然的饲料，而不是用人们从田里收获一些人吃的粮食，然后耗费大量功夫加工出的浓缩精饲料。

最后，畜牧业也指出了农业生态学在规模上的问题，并且会涉及商业活动。产业化的逻辑会导致垄断现象，现在的农业工作者也只是为少数群体的短期利益而服务。农业决策的制定不可能脱离经济政策的影响，而农业生态学通过减少中介和运输距离、在保证地区产品供应和交换的前提下，降低农业企业规模来缩小农产品的流通圈。小规模的农业生产于人于畜都有利，那些受到大企业剥削的农民实际上生活在水深火热之中，要知道，这些人的自杀率很高，有的患上抑郁症，有的负担过重，有的是因为无法偿还现代机械化作业带来的债务。

将农学回归生命的统一体

雅克·卡普拉：你提到了费弗的奠基性著作《土壤的肥力》(1938)，这本书诞生于最初的农业生态学和生物动态学的思潮。你的思路的关键点不正是费弗和霍华德[1]在1930年末所希冀的可以改变农学的“系统性革命”吗？

---

① 艾尔伯特·霍华德爵士是英国农学家及植物学家，曾在印度工作数十年。他是农业生态学的现代土壤学以及英国思潮之父。他的著作《农业圣典》于1940年出版，常被认为是继费弗的著作之后农业生态学的第二大基石。

皮埃尔·哈比：当我刚开始对后来成为“农业生态学”的这个概念进行实验时，《土壤的肥力》是我的枕边读物之一。这本书让人惊叹之余，还能激发思考。此书将“农业有机体”作为一个整体概念进行论述，这与我个人的期许极有共鸣，它还提供了不同于培训机构、报刊和银行机构试图强加于我们的狭隘观念的另一种思路。

费弗努力从全球视角用一种周期性逻辑来考虑自然结构、能量流以及物质流。他还竭力将农业行为重新置于和生命体亲密无间的关系之中，甚至试图将农业重塑为人类社会与自然之间的协调者。他赋予农业新的意义，让整个宇宙都与之相关，从而对农业施以了新的魅力。

不得不提的一点是，费弗本人深受创立了人智学这一哲学流派的鲁道夫·施泰纳[①]启发。当然了，每个人都可以选择赞同或不赞同施泰纳的哲学思想，但施泰纳和费弗对于纯粹的唯物主义提出的质疑却十分值得一看。纯粹的唯物主义将地球分解至矿物级别，并让我们忘记了我们处于无限之中。唉！他们那个时

---

① 鲁道夫·施泰纳，奥地利社会哲学家。

代的农学手段是基于实证主义或还原主义的观点而形成的，如今其实还是如此。实证科学从朴素——我试着避免说过于简化——的公式出发，进行推论，将世界分解成一个个互相独立的“作用——反作用”机制。实证科学试图将世界分割，而不是将它作为一个统一协调的整体来理解。归根结底，这种农学思想忘记了我们是在与生命打交道，而生命不仅仅由可见因素组合而成。

农业不能被简单地归结为耕土犁地，加入化学物质，再让作物生长。费弗以及其他学者都提醒我们土地是有生命的，它遵循着自身特有的规律，调动数以十亿计的微观组织以及微妙的原则。众多的传说或短语都提到“沃土”，也就是所谓的大地母亲，满足着人类的各种需求。此外，至少在法语里，我们可以注意到，还有一个词和沃土以及大地母亲所指一致，那就是“田地”。这也是为什么我更喜欢使用这个说法，而不是“土地”这个说法，“土地”更多地指向缺乏活力的物质。我们最为关心的应当是不要压制土地的生命活力，理解这种活力，并且好好保护它，陪伴它。

我很喜欢把这个秩序比作一部交响乐。一个新乐器可以使交响乐更为丰富和优美，前提是不走调，这也就是说它必须遵循旋律、节拍以及乐队的音韵活力。我们面对的是同一份责任，避免与世界的交响乐唱反调的责任，让我们从土地和植物的交响乐入手。不幸的是，实证主义的生产主义农业偏要唱反调，所以我们的责任在于与这个远比我们自身无垠且古老的现实保持“协调”。

简单来说，自然动力法[①]将全球能量和现象都考虑在内。土地、宇宙、天体运动的影响、能量维度，所有这些都包含在了表达生命的法则里。跟随这种法则的主张，我感觉到它提倡的是让我们与生命的交响乐之间的和谐共鸣。

我们不能违背具有生命的世界的复杂平衡和力量。一旦我们理解了这一点是至关重要的，我们才有可能制定出一门更符合现实的农业科学。回到我前面说过的，我们不能压制，而应该理解和陪伴。我们需要一种新式的才智去获取这种理解，一种摆脱了实证派唯物主义的才智，一种可以接受生命体多种构成部

① 自然动力法是农业生态学的奠基性思潮之一，它直接出自鲁道夫·施泰纳和艾伦弗里德·费弗的工作成果。

分之间复杂性和互动的才智。事实上只有系统性的方法才行得通。这种才智所体现的跨越性就如同牛顿物理学与量子物理学之间的距离一般，它在思维方式上引入了一场革命。

有了这种才智的跨越，我们才能以谦卑的姿态，审慎地做出行动，并在遵循所有高于我们自身的生态系统法则的同时采取反应：在耕耘的同时，我建造、我维护、我热爱、我爱护、我传承具有生命力和价值的遗产。

雅克·卡普拉：从某种意义上来看，农民可以将自己视为“生命的牧者”？

皮埃尔·哈比：我会说是“智慧的管家”！我们农业从业者应当重新学习如何以生命供给者的姿态处世，而不是寻求将地球资源开发殆尽的勘察者。地球就像是广袤宇宙荒漠里的一处绿洲，仅为了资源存储而被消耗殆尽。

我们最终应当明白我们的星球是星际荒漠中一片遗失的生命绿洲。这个概念可以用于地球上的所有资源，但用于农业尤为恰当。绿洲的居民早已明白每一小块沃土都应得到保护，使其不受沙漠侵蚀，每一株植物都是珍宝，每一滴水都是宝石。农业从业者应当学习用同样的方式爱护和保管他们的农场，而人类则应当在所有范围内都采用此种态度。历史显示了众多人类社会都有能力利用大自然给予他们的馈赠；为什么我们不能找回这份清醒的认知呢?

森林是一个很好的例子，展示了源于土地的事物最后能够反过来保护和充实土地。树木将根部扎入土地之中并完全依赖土地生长，而同时树木保持土地稳定并通过落叶、汁液和细枝这些腐殖质的原料给土地带来新生。腐殖质处于农业生态学方法的核心，此外从词源上来看“腐殖质”“人类”“谦卑”以及“潮湿”这几个词有着密切的联系。假如腐殖质消失，生命也将走向终结。当森林养护腐殖质并为其注入新的活力时，其他层次的植物和其他形式的生命可以得到自我发展。

当今农业的一大错误在于没有重新培育腐殖质而是在土壤中加入不稳定的可溶性化学物质。一个世纪以来，欧洲的土壤已经丧失了50%~60%的腐殖质、有机物质。我们现在所做的，是在自己试图制造并打破对生命本身的永恒延续来说必不可少的一个过程。

雅克·卡普拉：让我们回过头来看看，“理解”世界的方式与时俱进的重要性。如今人们对于分解生命体的技术的追求，难道不是一种对公式的迷思吗？一种希望将所有事物都通过公式进行表达的迷思？我还记得我曾经和一位法国农业科学研究院的研究员进行过讨论。他真诚地告诉我他的角色就是“为运转方式建模”，在推出所有方程式之前，他不知道应该推荐什么。然而，大部分时间，这个目标难以实现，甚至显得多余。所有的生物学家、博物学家、农业从业者与农村地区人员都知道篱笆有利于生物多样性，但没人能完整地详细地描述其中发生的生物过程。仅仅知道篱笆可以丰富生物多样性是不是就足以让我们决定搭起篱笆呢？是不是不需要等到清楚知道所有机理？重要的难道不是将篱笆作为一个整体来看待并考虑全局化生物性功能？

皮埃尔·哈比：完全正确。不论如何，人类的知识是有限的，因为人类本身就是有局限的。如果认为人类的大脑可以和宇宙并驾齐驱，那真是无比傲慢，尤其是我们发现要认识我们自己已经非常困难！

我们可以看到我们的行为是受非理性的冲动和反

应所支配的。这对我们理解世界的方式自然而然会产生影响，其中包括通过科学的棱镜看世界的方式。而理解世界的方式不可能独立于我们自身的局限而形成。我们必须能够接受这一点才能看到本质，才能不忽略生命世界的主要结构。我们不可能什么都知道，即使在对表象世界的理解过程中我们取得了进步且当然还要继续一点点提高我们的理解。

我们的知识是有限的。接受了这一点，我们才可以试着建立一个美好的人生。这也许听起来有些离题，但是对事物的惊叹之感是至关重要的，如果没有发现的喜悦感，没有一项人类活动能够蓬勃发展。那些给农业生态学或生态农业带来转折的农业从业者首先提到的事情之一便是他们重新找回了事业的乐趣。这并非一种哲理性的奢侈享受，而是一种基本的活力！我们不会对一个农业从业者说："改变方法是为了为难你。"乐趣也可以被看作是在多项技术变革间犹豫的农业从业者的指南针。如果他在以下各项工作中重新感到乐趣——植物选择，混林农业试验，观察土地而无须盲目遵循合作社顾问的抽象建议，照顾牲畜并且可以认出其中的每一头——那么他可以确认自己正向着正确的方向前进。一旦重新找回了事业的喜悦和意义，他便能感觉到自己走在正确的方向上。

对美的兴趣完全是一种天赋，这也呼应了你所提的关于系统理论的问题。美不是可还原的，它必须作为一种感知去体会，一旦人们试图分析和解释它，它就失去了价值。理解生命体系并在尊重它们的前提下采取行动的手法也是如此。毫无疑问正因为如此，那些重新体味到美感的农业从业者正是成功过渡到农业生态学的那些人。在这点上，人的聪明才智首先体现在全局性的理解上，而且不应该与科技的飞跃混淆。

适合农民的科学技术

雅克·卡普拉：你提到了我们对科技进步的喜好。目前所有所谓的“传统”农业都使用经由标准化方式集中选择的种子，这些种子需要肥料、农药和灌溉才能良好生长。转基因产品是这种工业化选择方式的最极端表现形式。这是否可以与你先前所构思的农业生态学并存？

皮埃尔·哈比：当我得知法国公立研究机构或跨国研究机构试图采用转基因产品来进行农业生态学

实践时，我感到十分愤慨。真的十分愤慨。我认为转基因产品的研究是一桩反人类的罪行，应当受到制裁。这些生产转基因产品的人出卖生命和非自然的产物，仅仅为了获得肮脏的利益，并且拒绝承担随之而来的后果。这些后果终将由大自然和人类来承担，而人类满足自身存活的合理需求的能力将变得越来越弱。每年穷困的农民都被迫购买带有专利的种子，这件事很反常，大自然中本身就存在着如此丰富的适应力强或可适应不同种植环境的植物。

一万年来，人类构建并丰富了农业植物的生物多样性，从野生世界里进行挑选，驯化植物和动物，并让它们可以适应多种多样不同的条件，并创造了丰富多样的植物和动物品种。这是多代农民实现的了不起的工作，它还能平衡一部分我们的坏毛病。因此，即使在人类社会处于战争状态时，有些军人会将他国植物引种驯化，这就让庞大的植物宝库得以各处传播。农作物使用方法的多样性不仅可以体现在食物中，还可以体现在服装、衣饰、护理员等中。这种与农业体系的多样性以及每个社会主观品味包括形状、风味、成熟度、气味、颜色等多样性相结合，创造出无限多的解决方案。有了种子的加持，农业确立了其神奇而又权威的特性，就像无上艺术一般，没有无上艺术任何其他艺术都不可能产生或永存。

一个世纪以来，我们已经失去了60%的耕耘而来的生物多样性，这种多样性由父亲传给儿子，由母亲传给女儿，让人类得以繁衍生息。事实上这种传承遭到了对种子和动物的工业化选择的打断和破坏，使得种子离开了它们的土地，使得农业从业者对年度采购或频率稍低的采购产生了依赖。事实上，规章制度限制了种子在农场的繁殖，如果农民在此播种的话，"杂交一代"种子无论如何都会退化，这就使得农民不得不每年重新购买。转基因产品使得我们朝着破坏更进了一步，而这是异常严重的一个问题，因为它关系到人类的存活。这不再只是一个普通的轻罪，而是对农民和人类基本权利的剥夺，这里的基本权利涉及人类让自身的耕作方式适应周遭的环境，确保他们长期的生活。因此我才专门强调这是一种犯罪。在法国、布基纳法索或印度，不赞同或抵制转基因产品的人是在以一种合理的方式进行着抵抗，拒绝受制于某些贪婪之人所制定的法律。

雅克·卡普拉：众多农业机构和经济活动参与者

目前都依赖着“生物控制技术”，也就是指农业从业者重复购买针对种植寄生虫的捕食性昆虫（举例来说，用瓢虫来控制蚜虫）。尽管这种方法代表了一种真正的进步，用非土壤培育的盒装昆虫取代每年采购的化学农药，但是这种方法难道不是显示了对真正的农业生态学缺乏理解吗？真正的农业生态学方法首先应当在农场营造出可以让益虫直接生长的环境。

皮埃尔·哈比：数百万年来，生命之间互相供养，并不需要人类进行协调。森林不需要我们在里面进行种植。我们参与这个流程的时间并不长，而我们进行农业生产的时间则更短。但我们却自诩为“万物之首”，更有甚者，我们没有接受自己是生命的一部分，反而与生命为敌。我们都深受“人定胜天”观念的束缚……我们需要尽快扩大视野，这样才能更好地领会到事情的来龙去脉，并据此采取合适的行动。我们应当对问题的根源感兴趣，这些问题由我们产生由我们消除，而不是用药方或者权宜之计应付。不良的扩张繁殖终究是生态不平衡的迹象。

在农业生态学中，我们的目标是在一个充满生命活力的状态下保护土地和各种场所。再重复一次，我们的思维方式与那些只想着把作物插到土里就完事的人不一样，这样的土壤是没有生命力的载体，需要的只是洒上合成物质。可溶性肥料的渗透性很强，也就是说即使作物不需要肥料的时候也会被迫接受，这不利于土壤组织释放出来痕量元素，而且还会让土地的生命稳定性受到动摇，使土地结构和腐殖质变得贫瘠。作物吸收的营养不均衡并且很虚弱，因为它生长在一片死去的土地里，或者退一步讲，人们就像对待死去的土地一样对待这片土地。

寄生昆虫和植物真菌病是一种调节这种失衡状态的方法。我很喜欢把它们称为“自然界的警察”。它们责罚那些虚弱的、被喂饱了可溶性肥料的、退化的作物。这些作物与我们刚才提到的生命的交响乐格格不入。我们人类的干预往往会给乐谱带来不和谐的音符!

农业生态学的手法不应该是用新的错误调子去解决现有的错误调子，就好像大声吹喇叭，吹到最响，就是为了把其他音乐家都赶走。每年都引入新的“生物控制技术”昆虫相当于接受和延长了不和谐的现象，而这不应该是我们的目的，最多只能算是临时性的一步。如果我们想避免寄生虫或疾病，我们得学着重塑有生命的土地，种植具有适应性的植物，使生态系统焕发生机，确保生态系统内的组织之间的联结。这个规则也应当适用于我们自身的组织。由于我们的错误行为，我们催生了某些疾病。三分之二的西方人死于癌症或心血管疾病。这种不断扩大的病理学现象有待检测，我们同时需要考虑到以下事实：我们的选择和行为中的哪些事物导致了失衡现象，并最终引向了疾病？

事实上，同样的问题在医学和农业上都有体现，也就是说人们不去寻找致病的根源，而只是治疗表面症状。毋庸置疑，医学有了很多进步，比如青霉素的使用以及外科手术的干预，但是很大一部分的医学行为无视或忽视了组织体层面的原因和现象之间的关联，甚至是整个社会层面的人与人之间的关联。我们开发了一种处方医学，机械性的手法没有考虑到器官和人体之间的生理性联系，也没有考虑到心灵和生理之间的联系。

医学就像农业，一切都始于土地。在病态的土地、被污染的水源和空气包围下，农业和人类都不可能很健康。我们不应该对于病理的发展感到惊奇，不管是涉及植物还是家畜还是人类。我们吃的是缺乏养分的植物，它们无法维持我们组织的活力，它们甚至会因为所含的物质而给我们带来危害。解决方法就像医学一样，不应该是不断增加的产品和治疗性干预。人体是一个整体，农业生态系统是一个整体，它们应该被当成一个整体来对待。过度专门化是我们必须应对的一个大趋势，因为这不仅对科学研究不利，也对农业活动不利。一个有生命的组织体是以一种不可分割的方式运作的。

雅克·卡普拉：农业生态学首先要把自然、人类社会和农业技术之间的关系重新建立起来。由于自然环境和人类社会都是极度复杂的，农业生态学是不是更多是一种开放性措施而不是一成套技术？是不是也存在适用全球的一些技术，农业生态学领域的跨国公司可以出售给所有的农业从业者？

皮埃尔·哈比：生物界是一个不可分割的整体，但它并不是处处均衡的。气候和土地的多样性诱发了所有可能的文化的多样性，尤其是生命体之间可能存在近乎无穷的组合方式。请注意，不要把多样性和碎片化混淆。只有在我们的思维中，各种各样的土地之间才存在分隔。举例来说，国境线的存在导致了很多暴力的发生。这些土地与地球这个整体都是紧密相连的，每一片土地都形成了一个包含了土地、植物、动物、人类的单元。

我读文艺复兴时期的旅行家的欧洲游记时，我发现对每一个社会的描述都非常不同，每一个社会都有自己的语言，建造房屋的方式，种植的方式，着装的方式，故事和传说，以及社会风俗。每一个实体的存在都建立在与自然以及所属地资源之间不间断的对话之上。这些社会不试图模仿相邻社会的模式，而是尽力确保他们的生活和周遭世界的最佳和谐，把大自然慷慨馈赠的资源物尽其用。这些社会让自身的需求和技术与它们所拥有的资源相统一。多样性看起来并不会像我们现在感觉的那样会诱发碎片化。

还原主义意识形态接着又导致了社会习俗和建筑的标准化，当然也包括农业的标准化。我们可以说，标准化剥夺了人类在多样环境下的创造力。我本人就亲身经历过这种标准化和观念灌输，因为我曾经是一个小撒哈拉人，却不得不背诵“我的高卢祖先”！这种过于笼统的意识形态导致的结果不仅仅是对显而易见的事实的否认，更是把农民看成了过时的、落后的、土气的以及所有负面的形象。他们被迫接受现代化观念并成了“农业开发者”。我们不应该受这些扭曲的手段的蒙蔽，因为正是这些手段策划了对农民的贬低，让利于使用农产食品加工业标准工具的农业开发者。因此农民甚至成了土地工业家，就好像一个傲慢地视察着几百公顷完全受他管制的土地的皇帝一般。

我们应该小心，不要把农业生态学看成一系列互相独立的创新技术。它并不是一顿全球通用的“照菜单点的大餐”，也并不意味着每个人都可以从中选取一部分而忽略其他部分。它更像是一份根据不同地区而制作的全球化“菜单”。一个农业从业者尝试混农林业，种植标准化作物并进行大规模灌溉，另一个农业从业者不再用喷洒化学农药的方式耕作土地，这显然都是正面的变化，但仍然和农业生态学有不小的距离。

当今农业的问题在于专门化手法。现代农业建议使用专门针对体系中这个或那个元素的工具或技术：作物保护、水源引入、牲畜喂养等等。当这些技术来自外部世界，就像用于工业化畜牧业的南美大豆，它们与牲畜养殖地区的本地能力毫无统一性。这种技术一开始看起来似乎全球通用，因为它在所有工业化畜牧活动中都是可复制的，但最后人们会发现这种方法就算不被说成是一种欺骗，也肯定是一个圈套。这种方法被施加于农业体系并任意妄为地改变着农业体系，而不是根据现实条件因地制宜。这些技术脱离了生命的全局化思维，制造了不实际的空想，这些空想不但和当地情况不统一，农民也不可能真正掌握。

请注意，对这种标准化以及专门化的质疑不应该阻碍对典范的实验和构想。人们每一次对一项技术或方法进行实验，尝试在其他地区其他环境进行复制始终是有益处的，即使有时候不一定行得通。人们带着谦逊之心，并且因地制宜地推广这些典范时，它们有可能可以帮助人们取得进步。也正是这样，我想出了“一公顷土地，一个家庭，一个栖息之所”这个说法，还有“随处绿洲”[①] 这个说法。我们应当开始用事实验证概念，接着又会因此受到启发而产生其他计划。这

① 参见皮埃尔·哈比前期的作品，“随处绿洲”这个概念最初是在1995年在同名协会中发展出来的；如今这个概念更多为蜂鸟协会所使用。

种方法是可以复制的，但是当然了，每一次复制的时候都要根据现实情况因地制宜。

很不幸，跨国大企业所推崇的方法与上述方法很不一样。它们的目的就是推出流水线上出产的标准化产品，并在全球用统一的方法出售，因为即使这些大企业自己也承认它们的目标是利润。标准化是很危险的，而多样化则是始终提供一种救援手段。假如法国的每个地区都根据本地气候和历史进行耕作，我们可以确保每年都会在某些地方有可用的食物，即使是出现气候问题的情况下。相反，如果所有农业从业人员都用一样的方式种植一样的种类，那么我们就得被动受制于气候灾害，气候灾害可能会加剧成为全面化的危机。近期来到欧洲的针对油橄榄木的致命细菌就显示了这种危险。意大利普利亚地区的油橄榄木都是用统一的方法种植的，因此这种细菌造成了巨大的损害。只有耕种和技术的多样性才能阻止这类破坏及其灾难性后果的扩散。多样化不仅具有创造性，也具有保护功能。

最近在北部加莱海峡地区，一家快餐跨国企业试图用农业生态学领域的一个标杆性农场网络的土豆来制作薯条。不去质疑这家快餐连锁店的最初用意，我们也应该注意到这事实上生产标准化土豆的工业化经营手段，完全不适用于这个地区，并且需要大规模的灌溉和化学农药的保护。如果人们需要用标准化和统一的食品为销售网络进行供给，那么这些销售网络会诱发与农业生态学相悖的农业行为，尤其是灌溉行为。只要人们采用适应于当地情况的各类方法，大规模灌溉行为可以被轻松避免。如果这些操作号称受到我们的启发，那么这就成了货真价实的对消费者的欺骗。

雅克·卡普拉：我很有兴趣再来谈谈你对文艺复兴或近世时期[1]以来农民遭到的贬低的看法。你的经验和著作都很好地体现了农业中最初的“智者”就是农民，也就是说农业从业者在他尊重和整治的国家投入工作。在这些情况下，往往基于知识架构和实验田地的农学研究是否真的恰当？研究人员是不是应该（重新）扮演类似助产士一样的角色，让他们的科学服务于农民的计划和想法？

皮埃尔·哈比：事实上，近世时期，尤其是启蒙

① 在历史学上，近世时期指的是16世纪到18世纪这段时期。

时期，自诩为理性的世纪、真理的世纪，把所有不在其范围内的事物都认为是无知和过时的。农民无法用科学性语言把他们的知识记录下来，总的来说他们不会写作，但这完全不意味着他们无知。如果我们列举一个真正的农民所掌握的丰富知识，其中包括他的实地观察所得和他在田间所尝试的实验，以及他所掌握的正式和非正式的知识，我们会发现他真的是一个智者。此外，科学工作者能存活下来，这些知识是必需的，因为没有这些知识，他们不会知道怎么养活自己。古希腊罗马时期的作家们对农业和土地的创造力的歌颂和赞美并非谬赞，这种创造力正是人类文明的基石。

现代科学思想自从有了不容置疑的评判对错的权力后，这种评断并非基于实验性验证而得出，而是根据因果推论所得。农民的观察和创新没有机会真正地与无土农学工程进行对质，就被淘汰出局了。这种对农民知识的轻视的问题在于，它是基于有限的标准而形成的，与生命的复杂性是脱节的，并由此产生了巨大的误解和知识财富的流失。在这种情况下，知识在真空中诞生并在真空中得到运用，受到人为的保障，受制于偶然性和生命的复杂性所引发的微妙之处。另外，科学权威机构往往会跑来用他们的知识来证实几个世纪来被巧妙地忽视的显而易见的知识……

我们在阿尔代什定居的时候，小村庄里仍然有几个农民居住，其中有一个种植葡萄、栽培树木，同时养殖绵羊并在花园栽种的邻居。当时我还是初入本行业，有很多需要学习，因此我经常寻求他的意见。他的第一反应就是非常吃惊，他对我说："什么？您是受过教育的。而我们不懂学问。您比我们知道得多得多，为什么您要来问我？"我可是花了好大的力气才说服了他，让他把自己会的教给我。他否定自己的知识，还总是在事先向我道歉，提醒我他可能会告诉我一些傻话。

可能在传统农民中更容易让丰富的知识重新焕发生机，主要是因为口传文化演进得更多，而且受到周遭的影响没有那么深。我们在戈罗姆戈罗姆活动时，我们并不想传递已有的解决方案，而是尽可能释放农民的言论，激发布基纳法索人制订他们自己的解决方案。在让他们有了信心以后，我们请他们回忆祖父母以及曾祖父母时期当地的情况，请他们回想过去的时代曾使用的技术并思考近期发生的演变。

农业生态学让农民随着自然活力重新肩负起观察

生命和寻求和谐行为的责任，还帮他们恢复了研究者和发明家的身份。如果农民不再把奶牛看成非生命的生物机器，也不把田地看成农化物的载体，而是恰恰相反，他细心地照看土地、作物和牲畜，并始终期待着最大的和谐，那么他会学着看到、想象、试验构思、进行创新。正如你所说的，他也可以从一位学术派科学家的视角获取更多丰富的知识，但这位科学家必须将自己放在为农民服务的位置。这个说法并非无意义，因为“为他人服务”这个概念包含了一种慷慨的道德选择，这与那种将知识都囤积居奇仅为自己所用的姿态截然相反。但现实情况往往更复杂，因为有些研究人员真心相信自己在为了普遍的福祉而努力，但实际上却与生命的内涵背道而驰。改变他们的行动方式意味着他们的影响力将受到阻碍。

矛盾的是，如今即使一些宣扬农业生态学的研究人员仍继续将自己看成是向无知的人们传授知识的“开处方者”。反而是那些长期以来鼓吹规模化、深耕的人现在开始谈论非耕作方式和农业生态学，要知道这些人吹捧的深耕方式要用巨犁——也就是所谓的松土机——掘出犁沟，像我这样的小个子可能都会消失在这些深深的犁沟里。但他们忘记了创新技术首先来自大胆的农民，我们应该依靠他们，发掘他们的价值，并给他们提供继续进行创造的手段。因为他们并不生活在抽象的世界中，周围也没有收入颇丰的相关人员，他们生活在看得见摸得着的现实之中，他们的生活取决于最为严谨的方法。

我们应该小心，不要让工具夺取权力。因为这是当今社会的重大问题之一，我们的生活方式围绕着科技不断重组，并最终完全依赖于科技。农业也是一样，为了生产出可以商品化的物料，越来越依赖石油、肥料、农药以及灌溉技术。农业生态学的研究应当激发出可以由农业从业者直接掌握的技术，将商业和实证科学缠绕在他们脖子上的活结解开。

重视自然资源与人类资源的价值

雅克·卡普拉：传统农业从业者常常显示出一种防御的姿态，一些工会会定期地，有时甚至是粗暴地批判社会想要“绿化”农业的企图。然而我们谈论“环境约束”是否还有意义呢？作为对你所提出的那些必要需求的回应，保护水资源、土地资源、动物或空气等社会规则难道最终不意味着生产机会、生产要素，并且能为农民们服务吗？

皮埃尔·哈比：停止和自然保持一种力量对抗关系，并反之学着遵循自然规律，是很有必要的。我始终没有真正弄懂为什么一些农业从业者会把生态学家视为阻碍他们“农业战士”天性发挥的敌手。我在想，这个心理上的误解是否并非是由农民自古以来所背负的耻辱遗留下来的，这些农民如今想要以农业开发者的身份进行报复。他们利用自己现有的实力，依靠已经不合时宜的原则，丝毫没有意识到自己正在作茧自缚。农业从业者的高自杀率不容忽视，它毫无疑问证实了他们的压力和屈从。我们平均每两天就要为一位法国农业从业者的自杀扼腕叹息，自杀事实上也是该行业排在第三位的死亡原因。如今，这些农业开发者们以让自己越来越贫穷的代价，首先为银行创收，其次让经营肥料、农药、器械和家畜饲料的商人们发家致富。这其中的悖论就在于，这些农民在认为自己变得现代化了的同时，迎来了新的主子，并把自己重新置于农奴的地位。在他们攻击生态学家的同时，他们实际上是在为自己的主子们服务，并又一次削弱了自己的力量。

当然了，对于农业从业者来说，在这样的处境中做出让步并且转而投身于其他经营方式并不简单，而且实现这个转变往往也需要很长的过渡时间。我对这个现状的批判是出于我对此行业及其从业者所展现出的爱。我对他们不做评判，但是他们首当其冲成为误解的牺牲品，我希望能认清这其中的误解。

在向农业生态学转变的过程中，农业生产者一方面从驱使他们破坏自然的技术束缚中解脱出来，另一方面从农业产业带给他们的经济和政治束缚中解脱出来。要认清生物永恒的价值，就必须断绝一切阻碍自由选择和实践的经济束缚。一旦认识到了环境是一笔财富，农民就找到了一个绝佳的同盟者，开拓了自己的眼界，并学着对土地、植物和动物给予他的一切表示感激，这种感激反过来让农民学会尊重和适度。

我自己曾必须和我所揭露的束缚抗争。当我和我的妻子米歇尔带着我们饲养的山羊安顿下来的时候，各大合作社和银行纷纷表示让我们专注于羊奶的生产，不用自己加工，他们希望从我们这里直接采购羊奶。接着，他们得寸进尺地告诉我们："以你们现在所拥有的空间来看，你们其实能饲养两倍的牲畜。"我们拒绝了他们的提议，决定将我们饲养的山羊数量控制在三十只以内，因为这是一个得以和周围环境维持平衡的数量。就像我刚刚所说的那样，我们和周围环境、我们的山羊以及客户的关系共同组成了一种真正的生活艺术。

农业开发者的悲剧就在于，他们就像是投身于一个神圣的使命一样，几乎完全献身于生产力。我们一味地向他们提出产量的要求，即便产量有时甚至都不够他们自给自足。在某些情况下，他们的产出被认为过剩，在进入消费环节之前就已经被损耗。他们自己也像等待被拔毛的动物一样成为被剥削的对象，卷入一场以拖拉机的功率为标志的竞赛中。这并不是一种理智的行为，因为它建立在一种对全能、繁荣和成功的心智表征的基础上。

雅克·卡普拉：我们的文明如今又逐渐面临一个从工业革命以来就被人们掩盖的问题——资源衰竭。农业生态学在这个问题上的贡献有哪些呢？

皮埃尔·哈比：你的这一评价非常关键，因为，唉，这个问题太现实了。目前的悖论是，农业生产是在忽略常有资源的同时耗费了稀缺资源。为什么我们要在劳动力充裕，只寻求被雇佣并拿到酬劳的当下不惜一切代价地追求机械化呢？工作条件的改善往往只是一个假象，因为如今大多数被推崇的超大型机械并不会真正给这个计划带来收益。历史证明，在包括东欧在内的地球上的很多地区，依靠牲口进行牵引耕作的农业通常能够保证一个令人满意的产量。智慧超群的农民先辈们早在一万年以前就证明过让植物适应周围的环境和技术是可行的，而我们现在为什么还要用虹吸管吸走潜水层中的水，或是摧毁群落生境，来对不适应新气候的作物进行大规模灌溉呢？一片被正确种植和保养的土地是能保障自己肥力的恢复和再生的，为什么要破坏土壤中原有的腐殖质，再用从矿石中提取的磷酸盐或者从石油中提取的氮进行拙劣的补救呢？

毫无疑问，这种求援于不可再生资源的行为是不平等现象日益激化的原因之一。我们没有分享土地和太阳赐予我们的财富，而是投身于一场贪婪的竞赛中：每个人都在努力私吞尽可能多的有限资源。资源的稀缺性引发了囤积居奇的行为，从而导致了不平等。如今，在种子产业试图完全掌控种子交易，包括掌控双方同意下的免费交易所采用的方法中，以及从多家跨国公司暴力无耻地驱逐当地居民，从而垄断那些最贫穷的国家的农业和矿业用地的策略中，也能见到这种逻辑。作为对这种掠食行为的补偿，许多“充满同情”的演说和慈善活动应运而生，米袋成了最好的慈善象征。掠食者的慷慨如今已在人们的观念中根深蒂固，并且将部分人对整个人类的恶行合法化地延续下去，这一现象被平常化。

我们的社会和农业都是贪食的牺牲品。我们总是无休止地想要“更多”，渴求过剩和多余，而不是着力于保障所有人的基本需求。每当我们上升到一个平台，我们都不会感到满意，想要爬得更高，永不知足。相反，节制才是救星！爱惜我们现有的空间，配合土地利用潜力，仁慈地运用自然资源和人类资源，我们才能重新找到一种真正的愉悦。无止境的贪欲是绝不可能和生活的快乐共存的。

雅克·卡普拉：面对气候异常的情况，越来越多农业从业者展现出了对水资源的“需求”并要求修建水坝。我们不去质疑合理灌溉对一些农作物的好处，这一系统性的要求难道不是对你所持观点的否定吗？在从自然生态系统取水之前，难道不应该把水储存在农业土壤的腐殖质里，并且让植物适应周围的真实环境吗？

皮埃尔·哈比：我在布基纳法索的戈罗姆戈罗姆工作的时候也曾很大程度上面临这个问题。这个区域面临着沙漠草原带的扩张，以及延伸热带区域的稀树草原区的毁坏。由于早期的三种负面的实践活动，人类活动和这里的沙漠化直接相关：导致植物资源衰竭的过量动物养殖；为了向日益扩张的城市提供燃料而砍伐树木；以及在耕种或建造房屋之前使用焚烧式的垦荒办法。古老的并不一定是正面的，因为这三种人类实践活动无疑都是灾难性的，在如今的人口和气候背景下再也不适用了。由乱砍滥伐和现代单一种植引起的荒地使得情况变得更加严重。这一荒漠化带来了两大负面影响：首先，土地再也不紧实了，由于当地气候带来强烈降水，土壤遇到强烈的流水冲击而产生流失。暴雨后的流水夹杂着红土，呈现出混浊的颜色，那种景象触目惊心，令人心痛。其次，荒漠化的土地反照率很高，也就意味着阳光和热量被向上反射回了高层大气层。这一上升运动会阻碍水汽凝结，导致降水减少，因为云层再也不会分解了。因此就产生了一个恶性循环，因为反照率低一些、云层能进行分解的地方，降雨会变得更加剧烈，从而使更多土壤流失，扩大土壤贫瘠和荒漠化的土地面积。

我们农业生态学所采用的措施首先是建造小堤坝或半月形围堤，但它们并不是像欧洲的水坝那样用来拦蓄静止的水的，它们的作用与其说是让水流动，倒不如更确切地说是让水渗入土壤中。农业对抗干旱的首要措施实际上就是让水渗入并储存在土壤或潜水层中。在萨赫勒的一些地区，人们甚至成功实现了潜水层的重新填充，在此之后，重新植树造林、在土壤上多样化种植适宜的作物便成为可能，我在我的《黄昏的献礼》一书中对此有过描述。

这个经验应当对我们在欧洲的生产实践有所启发。植物不应该在依靠灌溉的人工环境中被挑选。就像我之前说过的那样，应该让作物品种和周围环境一起演化，从而彰显多样的、适合各种不同气候条件的作物品种的合理性。农业生态学的实践目的在于重塑作物根部的肥力，保护土壤活力，改善腐殖质比率以及追求一切能让土壤储存水分、有助于水分渗透的特质。当然了，土壤同样应该被最大限度地覆盖。只有当这些基础被修复之后，滴灌才能被列入考虑范围。滴灌是一个很好的实践，它优先利用那些“流失掉”的水，比如屋顶的流水。我本人也是这一方法的实践者，并对此深感满意。

雅克·卡普拉：传统论断援引法国农业的“出口使命”，即法国农业为世界提供食物，用对世界的慷慨为往来贸易进行正当化辩护，你对此是怎么看的呢？

皮埃尔·哈比：“就地生产和消费”应该成为一种普遍秩序。不论是谁，每个人都应该合理合法地保障自己在自己这片土地上的生存。举例来说，阿尔及利亚的不幸就在于这个国家将它的整个经济建立在了上天赐予的石油资源上，尽管阿尔及利亚曾经拥有繁荣的、能对外出口的农业，而且本应该能发展极具竞争力的粮食生产，但根据我所掌握的数据，这个国家75%的食物依靠进口。此外，一些阿尔及利亚人会开玩笑说，在农业方面，他们的逻辑不是“进口——出口”，而是“进口——进口”。这一令人无比担忧的产业不能委托给不相关的公司和私有经济利益。农业离我们越近，我们就越是自由，越能掌控自己的命运。

这一信念就如同我一方面继续坚持打理我的菜园，另一方面只要我愿意就能去外面买到所有我所需的食物，包括全生态和高质量的食物一样。打理菜园对我来说是一个政治行为，一个和恶性食物逻辑对抗的行为。如果我们不多加留意，人们在食物方面对外界的依赖将向恶势力提供对人类状态的绝对统治权。对个人来说，自给自足能让他恢复对自己生物存在的主权，并摆脱对跨国公司的依赖。这是每个人都触手可及的真实存在的权利。

这对于那些必须建立自己的粮食主权的公司来说也是一样的。以同情之心和人道主义为理由，声称在人们所处的地方就地为他们提供食物，就是给他们带来巨大的伤害。我将人道主义和人本主义清楚地区分开：前者是一种会带来不利后果的援助，当然我将那些局部的紧急行动排除在外；后者在于用一双仁慈的眼睛看待自己的同类，并且帮助他实现独立自主。欠发达国家的农村地区能够借助农业生态学完美地保障当地的食物供给，这一点我待会儿会详细解释。从他们的角度来看，西方种植者只要停止过量生产，重新让动物数量和饲养可用的空间相匹配，促使消费者更好地平衡膳食结构、减少对动物蛋白质的依赖，也能过上同样好的生活。我们并不需要粮食开发在国际市场上进行投机买卖，让一些国家继续处于依赖地位；法国的粮食作物面积不仅远远能满足我们自己的生存需要，还能在此基础之上出于粮食安全考虑，有局部产量过剩。为此，我们不需要化学产品、巨型犁耕工具和工业集聚，关于“出口使命”的论断是一套虚假有害的托词。

应该清楚的是，我并不赞成闭关锁国，我在阿尔代什省定居时，也并没有试图把自己封闭起来！涉及那些并不急需的产品，以及属于自给自足的社区之间自愿达成的共同致富框架内的产品，就会产生食品交易。这和现在的国际农业贸易是完全相反的。我们有没有问过马里人或印度人是否愿意用面包、米饭、意面等依赖法国、亚洲或北美粮食出口的产品来代替他们的传统食物呢？精粮已经成为繁荣的象征和显示生活在落后环境中的人们现代化程度的指标。此外，甚至在西方，白面包也曾代表一个落后的、被无知所蒙蔽的奴役时代的结束。这些有害的错误认知在人们的脑海中根深蒂固。

雅克·卡普拉：所以，农业生态学是不是一方面能养活欧洲，另一方面也能养活人类呢？

皮埃尔·哈比：完全正确。这个结论并不是由专家们纸上谈兵得来的，而是由实践者们通过实验得来的。对于穷国的人来说，这是已经被国际关系所证实的显而易见的结论。农业生态学重视劳动力的价值，而不是依靠越来越贵的化石能源，反对购买肥料和农药，并使用合适的种子和本地品种，避免农民欠债情况的发生，通过改善土壤长期肥力、提高作物产量的方式让他们拥有实体经济。2008年，联合国的环境规划项目在非洲范围内对将近两百万个农场的收成情况进行了调研，结果显示，选择有机农业使得产量至少翻倍。最近，奥利维·德·舒特[①]在2011年的报告中综合了多项研究后，确认了农业生态学是养活人类最好的方式。

在欧洲，农业生态学事实上对小农民来说是最可行的措施。举例来说，它能避免东欧国家有计划地缩小农民规模，避免法国开发面积灾难性的扩大。食物浪费的普遍性证明了现如今农业产出水平的高低分布是多么不均，以及农业生态学理性客观、以事实为依据的目标是多么越发与我们真实的需求状况相符。

---

① 奥利维·德·舒特是联合国人权委员会的“联合国食物权问题特别报告员”。

我们应该认清的是，目前的大规模开发要朝着农业生态学系统演进，需要强大的政策支持和一个真正的农业非工业化规划，需要有勇气不向生产本位主义、转基因产品、农业还原论等所营造的假象让步。我意识到，那些为了自己的利益而征服了法国农业的人将会试着将农业生态学的理念引入歧途，从而消除一切让他们处于危险境地的因素，也就是一切有意义的因素！但我仍然持乐观态度，并且希望我们目前对农业生态学措施的认可将会帮助最底层的农民，比如园丁以及各类家庭农业的生产者，来和土地、环境和动物重新建立联系，从而重新开始他们的生产活动。从中期来看，我们可以颠倒人口流动方向，让很多城里人重新有转行当农民的意愿和渠道，因为农业生态学同样也能创造很多就业机会。很显然，人类历史将冲破延续至今的各项准则的桎梏被续写。全球范围内的乱象迫使人们发挥无穷的想象力去走出萧条。这种趋势是合理的，是以生物为核心的。

无论如何，我们的地球都蕴藏一切人类不可或缺的必要资源，尤其是在食物方面。不幸的是，我们的现代社会浪费了生物宝藏，过量消费动物蛋白质，一味崇尚竞争，引发不公。在谈论农业技术或人口之前，我们必须改变我们的行为。谈论人口爆炸甚至也是一种否认我们个人责任的方式，指责那些出生在粮食有限的世界里又不得不忍受饥饿的人是“多余的”，这种做法非常不妥，因为这些人出生于贫穷的环境，而这种贫穷是少数人的贪婪造成的结果。

此外，食物问题不应该简化为数量的问题，食物的质量也同样重要。我认为在这个领域，有更多的人不敢否认农业生态学的优势。在放弃化肥和合成农药的同时，我们令植物恢复它们吸收土壤中的复杂微量元素的能力，而不是让它们满足于对化肥的粗浅吸收，化肥只会对植物进行填鸭式供养并破坏吸收平衡。我们收获的植物含有更丰富的微量元素、矿物盐和抗氧化元素等，这保证了比工业化农业产品更高的食品质量。就像我已经说过的那样，这是保障我们健康的重要角度，无论如何也保障了食物更加富有营养、更加有效。此外，这个角度也被联合国关于世界上饥饿问题的研究认可，这些研究提出了食品安全的四项因素：食物供应、食物获取、食品质量和供需弹性。

社会与地域转型

雅克·卡普拉：粮食主权的概念反映了群落和土地之间需要重塑的关系，你所倡导的观念是一种心理革命。在这个认知过程中，农业生态学会在什么方面发挥促进作用呢？

皮埃尔·哈比：为了重新找回应对即将到来的气候和生态变化的能力，我们的社会对避免城市集聚、重新投资农村地区比以往任何时候都更有兴趣。这一点在我喜欢谈论“依靠土地”而不是“重回土地”时变得十分关键。这并不是纸上谈兵的空想，而是建立在处于危机中的国家的经历的基础上，是一个十分贴合实际的论断！ 20 世纪 90 年代初，在已经被美国实施禁运、缺乏化学资源和苏联的矿物资源的古巴发生了什么呢？这个岛国发现自己蕴藏了惊人的农业财富、意外的人力资源和智力资源。在重新审视自己的创造力和自然空间之后，古巴用了十年的时间来改进自己的农业，并大规模发展农业生态学。如今，古巴是世界上正式拥有最大占比有机作物的国家。希腊危机引发了类似的演变，近几年来，大量希腊失业者离开了城市，回到农村种植小片土地，养殖少量动物，直接利用他们土地上的资源赚取生活所需。

我们的当务之急之一就是要减少对石油的依赖。几十年以前，伊凡·伊里奇曾指出，我们在支付汽车成本上所花的时间，包括从矿石开采到汽车生产，再到燃料购买这一整个链条，比汽车为我们节省下来的时间还要多！[①] 从某种程度上来说，对于很多法国人而言，出门步行、做非全时工作，比做全时工作来填补开车节省的时间更加划算。这种荒谬的情况也存在于农业中，在农业系统的一部分，尤其是密集养殖中，生产食品所消耗的化石能源比食物最终提供给我们的能量更多，我们本末倒置了。

最后，我们应该回到对时间和空间的有形感知上。过度的机械化使我们对时间失去了感知，建立起了过度自信但却极端脆弱的生产模式。以同样的方式，如今的农业不再和环境保持协调，而需要从地球的另一端进口食物来维持过载的养殖业。草原养牛业将只简单利用农场周围合适的空间里的可用资源，基于动物的活动范围来合理规划空间。但因为要产出 1 千克

① 伊凡·伊里奇，《能量和公正》，瑟伊出版社，1975 年。

的牛肉需要大概 10 千克的植物蛋白质，所以用谷物和富含蛋白质的植物饲养的动物注定要侵占大量土地，而这些土地本来是能用于种植人类粮食的。然而对从其他地区进口食物的依赖是和饲养的巨大规模密切相关的，因为在家畜生存期内的可用资源当然满足不了它们的需求。社群本身在人口日益密集的城市中集聚，对运送食物的卡车有着绝对的依赖。

比如，法兰西岛大区曾经是一个农业大区，在城市中心周围保障并恢复大规模农业生产用地至关重要。我并不认为农业能真正在城市中实现繁荣，也不认为农业能满足大量的食品需求，但毫无疑问，它能在其中发挥作用。对于城里的人来说，城市农业能成为第一条连接他们和被他们忽视的现实的纽带。播种、培育、对节气更替的理解能产生重要的教育意义，并有助于打乱空间组织形式。在城市中做好必须向乡村迁徙的准备是很有必要的。认为城市能取代乡村的想法是不现实的，一项认识到重新思考城乡关系的必要性的明智政策是符合大众期望的。但是，一个将自己禁锢在城市中心论逻辑中的政治家能否将自己的眼界扩展到全球呢?

雅克·卡普拉：很多农业组织，有些是离农业生态学很远的农业组织，是支持“本地”的。但是如果本地食物的生产以污染水资源、破坏土壤和生物多样性、使用消耗了大量石油的化肥为代价，它们还能真正称之为是和土地保持了一种联系吗？

皮埃尔·哈比：当然不能。那些切断了和土地联系的农业活动并不能真正立足于这片土地上。在这种情况下，我们仅仅满足于将自己安置在这片土地之上，而和它没有任何联系的纽带。此外，土地是一个既具体又抽象的概念，在打破对生存空间的心理敬畏的同时，我们在一种能被归结为沙文主义的逻辑思维中互相敌对。

这个划分反映了我们身上一个更严重的问题，这个问题存在于女性对男性的长期服从当中。这个重要的问题同样也涉及农业，尽管女性做出了重大贡献，她们的作用也常常被忽视。追求男女平等、反对二元对立，应该成为人们关注的基本问题。比起合作来说更强调竞争的儿童教育会削弱这一世界观，引发焦虑，进而导致暴力。

我很高兴地看到越来越多的国际组织、政治家和工会负责人似乎认识到了农业生态学的作用。但这些人总是玩弄“农业生态学”和“工业化”的概念，他们认为后者是不可避免的，甚至是符合大众期望的。我完全反对那种认为能够在大面积荒漠地区推广单一化种植的观点，也不会谈论那种完全让人难以忍受的密集养殖。生命的去神圣化使得动物们简化成了一堆蛋白质，人们让它们承受远超承受范围的痛苦，我们不能在谈论生态和农业生态学的同时还维护这种形式的农业。

相反地，我们应该让组成动态生物多样性的不同成分共生。在这个系统里，人类扮演一个管家的角色。在没有人类的空间里，生物多样性是自我构建的，一旦当人们决定进行干预，创造一个特别的新环境，即农业环境时，我们就必须谱写一曲曲交响乐，为其可持续发展带来多样的物种，让这个环境达到和谐。

雅克·卡普拉：和非洲一样，在法国，很多前途无量的创举都直接来源于公民社会，而不是传统政府或自由经济机构。农业生态学很好地注入进了这个新活力中。但是最终，比起显而易见，这难道不是必然吗？农业生态学难道从根本上不是来源于一种分散，甚至自主管理的逻辑吗?

皮埃尔·哈比：农业生态学和集中化、统一化是不能比的。毫不避讳地说，这个论断是不言而喻的，因为农业生态学的原则是具体问题具体分析，每种土地、植被、生态和农业发展历史以及人类智慧的组合都会带来一种特殊的解决方案。我在前面已经重申过让农业活动重新和自然和谐相协调的重要性。然而，这种协调不能由上级决定！它是一种永恒的适应，根植于一个土地上居民的创造力当中。

我们应该重新认识并肯定公民社会的创造力，也就是我所说的“创造才智”。我的意思并不是说所有的政治或经济决策者都是荒唐或过时的，他们都是用真诚和热情拥抱自己的职责和工作的人，但我们必须承认他们的行为效率在今天看来几乎总是低下的，或者说至少没有达到人类在未来几十年为了避免全面崩溃所应该达到的高度。相对于不作为的政府和投资者以及受制的机构，公民们拥有能创造奇迹的智力和人力财富。我内心非常确信，他们能提出一个，或多个解决方案。但有一个前提条件是无法回避的：由人的转变带来的社会转变。

我们应该激发、承认并参与这项公民创新。这就是为什么法国政府和国际组织对农业生态学体制上的承认是弥足珍贵的。我不会被一些政府和国际组织的操控意愿或双重标准所蒙蔽。我们应该留意不让它们把推动历史前进的新鲜活水引入浑浊泥潭的歧途。但在认可农业生态学的同时，政府和国际组织肯定了千万农民劳动的价值，为他们注入了一剂必要的强心剂，激励他们延续并扩展自己的工作。

我们还要希望这个认可并不只流于表面，希望劳动工具能够参与并促进这种形式多样的创新。一项为农业生态学提供支持的政策并不会要求大刀阔斧的工作，也不会要求农产品加工业朝着流行制法进行简单转型，它首先是要解除桎梏，转而依靠农民的才智，修订有关农民之间进行种子交易、农场中的适应性挑选、照料植物和动物的天然制剂的使用以及在小块土地上安置等的法律法规；其次，帮助那些非典型项目自筹资金，找到受众也非常重要。这是一种集体责任感，因为一旦脱离了赖以生活的社群，单个农民的力量是微乎其微的，社群为农民提供支持并购买他的农产品。重大发明往往来源于零星的杂活，因此，为干杂活的人提供支持，而不是把他们封闭在短视的任务中追求收成或短期的利益，也是十分重要的。

我在托马斯·桑卡拉统治下的布基纳法索重新见到了这项措施。他明白了将话语权直接赋予农民，将他们从习惯性为他们代言的中间人手中解放出来，让他们摆脱昂贵而具有强大破坏性的化学产品的重要性。农业生态学应该沿着这条路继续发展，唤醒农业从业者和园丁们遵守生物的和谐，在这种和谐中发挥创造性，摆脱对农产品加工中介人的依赖的意愿。就这样，我们把每个农场都改造成了知识和创造的源泉。我知道这些话很累赘，但是当前形势的极端严重性值得我们老生常谈，并号召每个人为关乎我们孩子未来的关键行动起来。我们希望，生活的智慧最终能让人类智慧熠熠发光。

01 **巴黎气候大会30问**

[法] 帕斯卡尔·坎芬　彼得·史泰姆 / 著
王瑶琴 / 译

02 **倒计时开始了吗**

[法] 阿尔贝·雅卡尔 / 著
田晶 / 译

03 **化石文明的黄昏**

[法] 热纳维埃芙·菲罗纳-克洛泽 / 著
叶蔚林 / 译

04 **环境教育实用指南**

[法] 耶维·布鲁格诺 / 编
周晨欣 / 译

05 **节制带来幸福**

[法] 皮埃尔·拉比 / 著
唐蜜 / 译

06 **看不见的绿色革命**

[法] 弗洛朗·奥加尼厄　多米尼克·鲁塞 / 著
吴博 / 译

16 **如何解决能源过渡的金融难题**

[法]阿兰·格兰德让　米黑耶·马提尼/著
叶蔚林/译

17 **生物多样性的一次次危机**

生物危机的五大历史历程

[法]帕特里克·德·维沃/著
吴博/译

18 **实用生态学(第七版)**

[法]弗朗索瓦·拉玛德/著
蔡婷玉/译

19 **食物绝境**

[法]尼古拉·于洛　法国生态监督委员会　卡丽娜·卢·马蒂尼翁/著
赵飒/译

20 **食物主权与生态女性主义**

范达娜·席娃访谈录

[法]李欧内·阿斯特鲁克/著
王存苗/译

21 **世界有意义吗**

[法]让-马利·贝尔特　皮埃尔·哈比/著
薛静密/译

22 **世界在我们手中**

各国可持续发展状况环球之旅

[法]马克·吉罗　西尔万·德拉韦尔涅/著
刘雯雯/译

23 **泰坦尼克号症候群**

[法]尼古拉·于洛/著
吴博/译

24 **温室效应与气候变化**

[法]爱德华·巴德　杰罗姆·夏贝拉/主编
张铱/译